DURCHBLICK

DAS GEHIRN

Aus dem Englischen übersetzt von Volkhardt Müller.
Titel der Originalausgabe: Navigating The Brain
erschienen bei Riverside Press
einem Imprint von UniPress Books
Ltd World's End Studios
unter der ISBN 978-1-7397988-7-1,
E-Book 978-1-7397988-8-8

BILDNACHWEIS

Mit 54 Illustrationen von Robert Brandt.

IMPRESSUM

Umschlaggestaltung von Büro Jorge Schmidt, München,
unter Verwendung einer Illustration von Robert Brandt.

Mit 54 Illustrationen

Gedruckt auf chlorfrei gebleichtem Papier

Für die deutschsprachige Ausgabe:

ISBN 978-3-440-18485-1
Projektleitung: Heiko Fischer
Lektorat: Lisa Hummel
Gestaltungskonzept: Luke Herriott
Satz: TEXT & BILD, Michael Grätzbach
Produktion: Markus Schärtlein
Printed in China / Imprimé en Chine

FSC www.fsc.org
MIX
Papier | Fördert
gute Waldnutzung
FSC® C008047

DURCHBLICK

DAS GEHIRN

EINFACH ERKLÄRT, SCHNELL VERSTANDEN

RITA CARTER

INS DEUTSCHE ÜBERSETZT
VON VOLKHARDT MÜLLER

KOSMOS

EINLEITUNG

Vor noch einem Jahrhundert galt das Gehirn praktisch als eine Black Box. Visuelle Informationen, Geräusche, Wörter und so weiter gingen von außen hinein und dafür kam ein Verhalten heraus. Was sich dazwischen abspielte, lag im Dunkel. Sigmund Freud entwickelte einige geniale Vorstellungen davon, was im Gehirn vonstattengeht, und entwickelte aus ihnen seine äußerst erfolgreiche Psychoanalyse. Dann entwickelte sich der Behaviorismus und stellte die Psychologie auf eine strengere wissenschaftliche Basis. Behaviorismus ist nach wie vor erhellend und nützlich, doch er lässt das außen vor, was die meisten von uns für das wichtigste Geistesmerkmal halten: unser subjektives Universum.

Gegen Ende des 20. Jahrhunderts konnten wir dank Technologie die Black Box des Gehirns einen Spalt weit aufstemmen und lang ersehnte Einblicke erhalten. Nach und nach enthüllten innovative Bildgebungsverfahren die komplexen Vorgänge, die den menschlichen Geist hervorbringen. *Durchblick: Das Gehirn* soll einen Überblick geben, wie diese neuen Perspektiven die physiologischen Grundlagen mit der Psychologie verbinden.

Wir beginnen mit der Beziehung zwischen Gehirn, Geist und der Natur des Ichs und schauen uns an, wie sich das menschliche Gehirn entwickelte und wie es sich von den Gehirnen anderer Arten unterscheidet. Anschließend untersuchen wir das Organ an sich in seiner groben physischen Struktur und den winzigen Elementen, die für seine Funktion unerlässlich sind. Wir erklären, wie ein einziges Organ so unterschiedliche Aspekte des Menschseins wie Instinkte, Emotionen und Empfindungen sowie abstraktes Denken, Kreativität und Urteilsvermögen hervorbringen kann.

Anschließend wenden wir uns der Funktionsweise des Gehirns zu. Den meisten wird bekannt sein, dass unser Denken durch den Fluss elektrischer Informationen zwischen Neuronen entsteht. Doch wo kommen die her, wie bewegen sie sich und wie werden aus ihnen Bilder, Töne und Gefühle? Danach beschäftigen wir uns mit dem Gedächtnis und dem Lernen. Wir erklären, was Erinnerungen sind und wie sie gespeichert, abgerufen, verändert, verschüttet und vergessen werden.

Dann erkunden wir die Welt und die Natur der Gefühle. Warum haben wir sie und wie unterscheiden sie sich von Mensch zu Mensch? Wir untersuchen Hinweise auf Gefühle bei Tieren und die emotionalen Unterschiede zwischen Mann und Frau. Noch immer beim Thema der Unterschiede werfen wir einen Blick darauf, wie das Gehirn zu der enormen Vielfalt des menschlichen Lebens beiträgt. Dabei entdecken wir, wie mikroskopisch kleine Unterschiede in der Anatomie des Gehirns eine nahezu unendliche Vielfalt an Persönlichkeiten, Erfahrungen und Verhaltensweisen hervorbringen.

Anschließend wenden wir uns der Gesundheit des Gehirns zu und der Frage, wie man dieses außergewöhnliche Körperteil ein Leben lang topfit halten kann. Etwas jenseits des Gehirns beenden wir unsere Reise mit dem geheimnisvollsten und faszinierendsten Thema des Universums: dem Bewusstsein. Was genau ist es und in welcher Verbindung steht es zum Gehirn? Zum Schluss wagen wir uns an die Frage, ob künstliche Intelligenz auch ein Bewusstsein entwickeln kann.

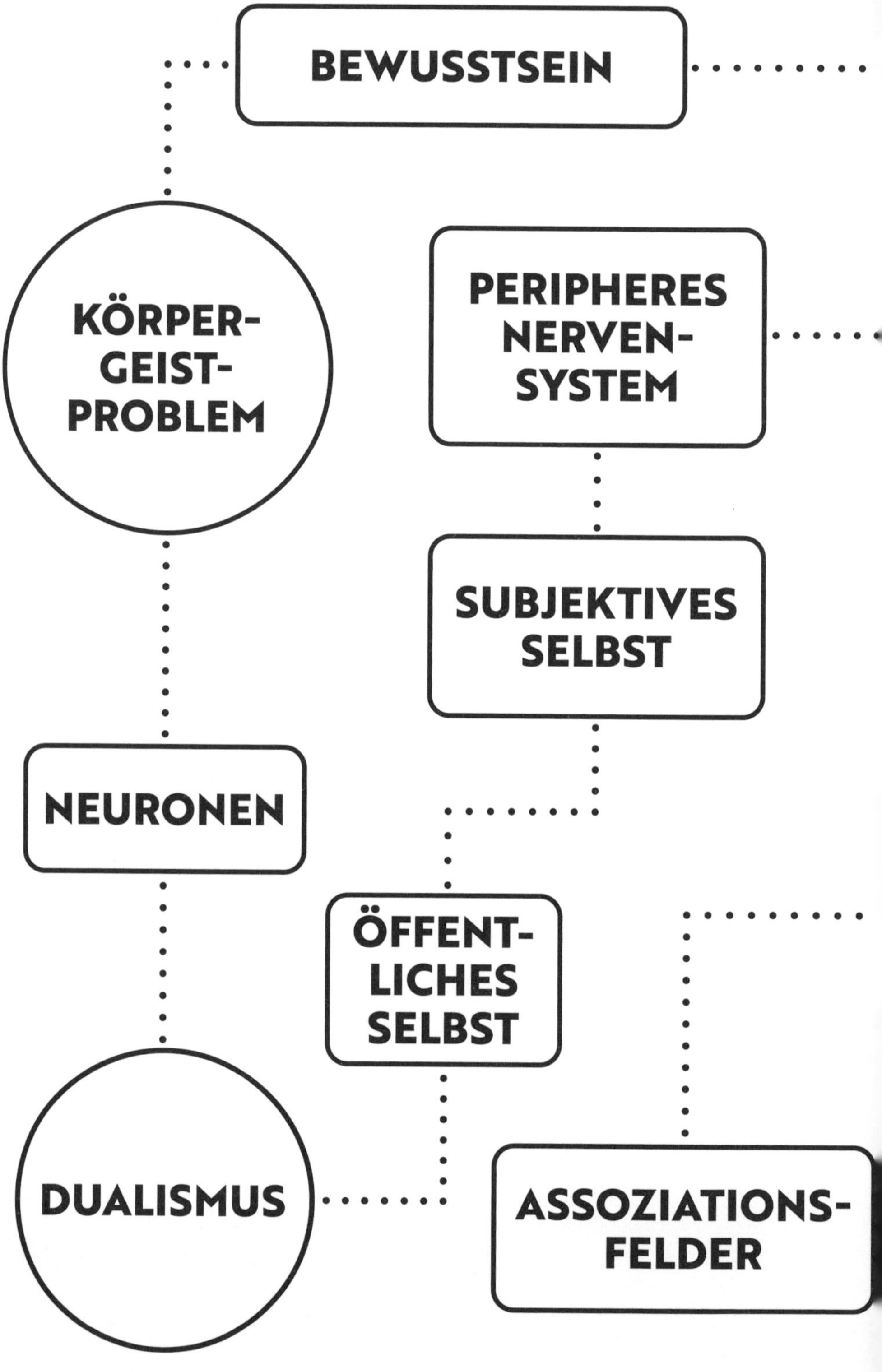
BEWUSSTSEIN
KÖRPER-
GEIST-
PROBLEM
PERIPHERES
NERVEN-
SYSTEM
SUBJEKTIVES
SELBST
NEURONEN
ÖFFENT-
LICHES
SELBST
DUALISMUS
ASSOZIATIONS-
FELDER

KAPITEL 1

GEHIRN UND GEIST

TIERE

SPRACHE

EVOLUTION

WACHSTUM

EINLEITUNG

Das Gehirn unterscheidet sich grundlegend von allen anderen Organen des Körpers. Auch Herz, Leber und Niere sind faszinierend, doch seit die Biologie ihre Funktionen erforscht hat, werfen sie keine grundlegenden Fragen mehr auf. Das Gehirn hingegen stellt uns vor zunächst schier unlösbar scheinende Rätsel. Anstatt chemische Substanzen zu produzieren oder direkt auf andere Körperteile zu wirken, ist es offenbar für Empfindungen, Gefühle, Gedanken und unsere Wahrnehmung zuständig, die unserer Welt ihre Bedeutung und Sinn verleihen. Wir haben enorm viel darüber gelernt, wie das Gehirn so etwas leistet, doch zentrale Fragen bleiben offen. In welcher Beziehung steht das Gehirn zum **GEIST**? Ist es ein und dasselbe wie unsere subjektive Lebenswelt oder erzeugt es diese oder tritt es gar mit ihr in Verbindung? Was ist mit dem „Selbst“ – nicht nur dem Körper oder dem **ÄUSSEREN SELBST**, sondern dem „Ich“, unserem **SUBJEKTIVEN SELBST**, das Entscheidungen trifft, urteilt und scheinbar frei ist, eigenen Wünschen zu folgen? Und wie kann ein 1,3 Kilogramm schwerer Fleischkloß all dies zustande bringen?

Man kann wunderbar durchs Leben kommen, ohne sich mit diesen Fragen zu quälen, doch wer sich auf sie einlässt, packt das größte Rätsel dieser Welt am Schopf und wird hoffentlich gleichermaßen davon gepackt sein.

Dieses Kapitel führt uns ein in die seltsame Welt des menschlichen Gehirns. Es erklärt die wissenschaftliche Perspektive auf einige Fragen, über die sich Philosophen jahrhundertelang den Kopf zerbrochen haben, bevor es die Werkzeuge zu ihrer systematischen Erforschung gab. Zum Beispiel wissen wir nun, wie die Gehirne von Kleinkindern das überschüssige Nervengewebe zurechtstutzen, mit dem sie geboren wurden. Indem sie wiedererkennbare Anblicke und Geräusche aus der „rastlos überbordenden“ Verwirrtheit der frühen **BEWUSSTSEINSFORMEN**, wie es der große US-Psychologe des 19. Jahrhunderts William James ausdrückte, lernen sie ihre Umwelt zu verstehen.

Bildgebende Verfahren konnten Gehirnanatomie und Verhalten so weit miteinander in Verbindung bringen, dass wir jetzt Verhaltensunterschiede zwischen Menschen und anderen Tieren erklären können. Fortschritte in der Evolutionsforschung haben uns eine Vorstellung davon gegeben, wie, wann und warum sich die Menschheit von ihren Primatenvorfahren abgespalten hat und wie sich unser Gehirn und Verhalten so herausbildet haben, dass wir im Guten wie im Schlechten zur weltweit dominanten Spezies wurden.

Doch die Wissenschaft weiß noch nicht auf alles eine Antwort und spannende Fragen bleiben offen. Könnte beispielsweise ein Gehirn getrennt vom Rest des Körpers überleben und mit synthetischen Sinnesreizen gefüttert werden ähnlich wie im Film Matrix? Da Wissenschaftler bereits gehirnähnliche **ORGANOIDE** herstellen, könnten wir bald eine Antwort darauf erhalten.

ÜBERSICHT
GEHIRN UND GEIST

DUALISMUS
Bezogen auf das Geist-Körper-Problem. Eine Sammlung von Theorien, die davon ausgehen, dass mentale Phänomene nicht physisch sind. Erstmals vorgeschlagen von Descartes im sogenannten kartesischen Dualismus.

NEURONALE INFORMATION
Der kontinuierliche Fluss von Elektrizität durch das Gehirn. Erzeugt größtenteils unbewusste Prozesse, von denen einige zu bewussten Erfahrungen werden.

NEUROIMAGING
Technologien, die u. a. Gehirnfunktion und -gesundheit untersuchen. Dazu gehören funktionelle Magnetresonanztomografie (fMRT), Computertomografie (CT), Positronen-Emissions-Tomografie (PET), Elektroenzephalografie (EEG) und Magnetenzephalografie (MEG).

GLIAZELLEN
Nichtelektrische Zellen des Gehirngewebes, die Neuronen strukturell stützen, isolieren und beeinflussen.

NEURONEN
Nervenzellen im Hirngewebe, die Elektrizität erzeugen und aneinander weiterleiten. Im menschlichen Gehirn gibt es 90 Milliarden davon.

AXON
Langer schlauchartiger Zellfortsatz, der ein Neuron mit anderen Neuronen verbindet.

MYELIN
Eine fetthaltige Substanz, die sich um die Axone legt, wenn diese sich ausbilden, und die darin fließenden elektrischen Impulse beschleunigt und ausgleicht, die Informationen zwischen Nervenzellen übermitteln.

GEHIRN-ORGANOIDE
In Laboren aus Stammzellen gezüchtetes selbstorganisierendes, dreidimensionales Gewebe, das bis zu einem gewissen Grad normale Gehirnaktivität nachahmen kann.

PERIPHERES NERVENSYSTEM
Die Nerven, die das Gehirn mit dem Rest des Körpers verbinden. Das Gehirn sendet und empfängt Informationen über das System.

BEREITSCHAFTSPOTENZIAL
Unbewusste Welle neuronaler Aktivität, die willkürlichen Bewegungen um etwa eine halbe Sekunde vorausgeht. Gilt in der Regel als Beginn der Bewegungsvorbereitung.

GEHIRN

GEIST

KÖRPER-GEIST-PROBLEM
Vom Philosophen David Chalmers 1994 als das „schwierige Problem des Bewusstseins“, bezeichnet. Die ungelöste Frage, wie fleischliches Empfinden mit mentalen Zuständen verbunden ist.

GEIST
Der Sitz des Bewusstseins, unser eigentliches Wesen und die Summe unserer kognitiven Prozesse.

STIRNLAPPEN (FRONTALLAPPEN)
Die größten Gehirnlappen, hinter der Stirn gelegen, sind verantwortlich für höhere Funktionen und notwendig für das Bewusstsein.

ASSOZIATIONSFELDER
Bereiche der Großhirnrinde, in denen kleine Einheiten neuronaler Informationen (z. B. Größe, Form und Farbe eines Objekts) zu einer größeren Wahrnehmungseinheit gefügt werden.

ÄUSSERES SELBST
Unser körperliches Dasein, das andere Menschen wahrnehmen und in soziale Zusammenhänge einordnen können.

INNERES SELBST
Geistige Existenz im Sinne eines Sich-Befindens in Körper und Geist, mit dem Gefühl, dass man selbst Handlungen entscheidet, einleitet und steuert.

SELBST

BEWUSSTSEIN
Unser normaler Wachzustand, einschließlich Wahrnehmungen, Gedanken, Gefühle und eines Bewusstseins für die Außenwelt und das Selbst.

Wodurch unterscheiden sich Gehirn und Geist?

→ Das Gehirn ist ein Batzen aus Körpergewebe in unserem Schädel. Dieser Kloß bringt den Geist hervor, der wahrnimmt, denkt, fühlt, unser Handeln lenkt und manchmal auch Bewusstsein erzeugt.

Die meisten unserer Organe erfüllen sichtbare Aufgaben. Sie pumpen Blut oder produzieren erkennbare Substanzen wie Galle oder Fäkalien. Nicht so das Gehirn. Es produziert „Geistesangelegenheiten", die sich in der materiellen Welt nicht finden lassen.

Die Frage, wie Körper und Geist miteinander verbunden sind, wird bereits seit Jahrhunderten diskutiert. Aus ihr erwächst das sogenannte „Leib-Seele- oder Körper-Geist-Problem". Anfangs spielte das Gehirn in derartigen Überlegungen nur selten eine Rolle. Viele Kulturen vermuteten den Sitz der menschlichen Seele im Herzen und nicht im Gehirn. Die alten Ägypter etwa entfernten es, bevor sie einen Toten ins Jenseits schickten, weil sie glaubten, dass das Gehirn dort, im Gegensatz zu anderen Organen, nicht benötigt würde.

Das Körper-Geist-Problem ist nach wie vor ungelöst, doch immerhin hat die Wissenschaft zweifelsfrei etabliert, dass grundsätzlich das Gehirn für unsere Handlungen und Erfahrungen verantwortlich ist. Bildgebungstechnologie kann sogar zeigen, wo und bis zu einem gewissen Grad auch wie dies im Gehirn geschieht.

Hirngewebe unterscheidet sich von anderem Gewebe dadurch, dass es zum Großteil aus sogenannten Neuronen besteht, Nervenzellen, die Elektrizität erzeugen und an andere Neuronen weiterleiten. Im menschlichen Gehirn gibt es etwa 90 Milliarden Neuronen und eine noch größere Anzahl nicht-elektrischer Gliazellen, die die Struktur der Neuronen stützen, isolieren und funktionell beeinflussen.

Neuronen erzeugen elektrische Impulse. Deren Intensität, Muster, Weg und Position bestimmen, wie das Gehirn reagiert: ob es etwas denkt oder wahrnimmt, eine Emotion erzeugt oder eine Körperbewegung einleitet.

Der kontinuierliche Stromfluss durch das Gehirn wird als neuronale Information bezeichnet. Der Hauptteil davon steuert unbewusste Prozesse wie die Aufrechterhaltung der Herzfrequenz und Atmung oder die Verarbeitung der riesigen Mengen von Hintergrundinformationen, die beispielsweise durch eine Wahrnehmung oder ein gesprochenes Wort erzeugt werden. Ein Teil davon wird zu bewussten Erfahrungen. Das ist wahrscheinlich das größte Wunder des Universums.

DUALISMUS

Das Bewusstsein unterscheidet sich so sehr vom Rest der natürlichen Welt, dass viele Menschen es intuitiv einer Art „anderen Dimension" zuordnen. Der französische Philosoph René Descartes (1596–1650) formulierte diese Überzeugung mit seiner Dualismus-Theorie, nach der Geist und Gehirn voneinander getrennt sind. Er vermutete die Zirbeldrüse, ein winziges Anhängsel des Gehirns, das an der Hell-/Dunkelwahrnehmung beteiligt ist, sei eine Antenne für spirituelle Schwingungen, welche Reaktionen im Gehirn hervorrufen.

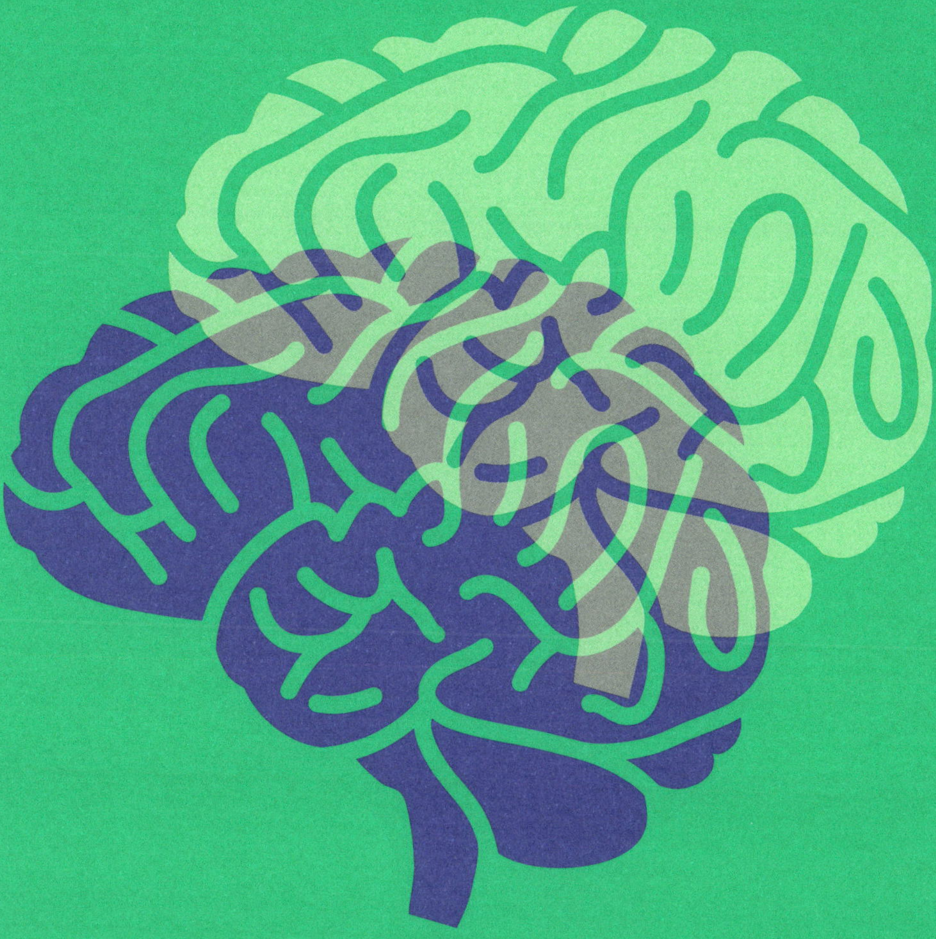

Bin „Ich" mein Gehirn?

→ Der wahrscheinlich cleverste Trick des Gehirns besteht darin, dass wir uns selbst als getrennt vom Körper wahrnehmen. Lassen wir uns nicht täuschen.

Es ist naheliegend, dass wir uns selbst als Selbstverständlichkeit hinnehmen. Wenn wir etwas wahrnehmen oder fühlen, wissen wir, dass der Gedanke oder das Gefühl zu uns gehört. Auch wenn wir uns frei dafür entscheiden, etwa eine Tasse in die Hand zu nehmen, gehen wir selbstverständlich davon aus, dass diese Handlung „uns gehört".
Gefühle des sich selbst Besitzens und der Handlungsmacht sind jedoch nicht selbstverständlich. Natürlich existieren wir als Körper, den andere Menschen wahrnehmen und erkennen können. Das ist unser äußeres Selbst. Unser inneres Selbst jedoch, also das, was übrig bleibt, wenn Erinnerung und sozialer Kontext wegfallen, erweist sich als komplizierter. Es besteht aus zwei Hauptkomponenten. Einerseits aus dem Eigentumsgefühl, das wir über unseren Körper und Geist empfinden. Wir wissen, was zu uns gehört und was nicht, und wir identifizieren uns mit den Empfindungen, Gedanken, Wahrnehmungen und Emotionen, die wir erleben. Die zweite Komponente ist unsere Handlungsfähigkeit im Sinne eines Gefühls, welches uns vermittelt, dass wir selbst über unsere Handlungen entscheiden, sie einleiten und kontrollieren. Wenn wir wach sind, wirken diese Empfindungen permanent im Unterbewusstsein. Sie verschwinden nur, wenn die normale Gehirnaktivität gestört ist, wie es bei Schizophrenie, bestimmten Wahnvorstellungen und unter Drogeneinfluss geschehen kann. Dann zeigt sich, wie wichtig ein stabiles Selbstgefühl ist. Der Verlust des Eigentumsgefühls kann eine Person glauben machen, dass ihre Gedanken von äußeren Stimmen herrühren. Es kann sogar geschehen, dass diese Personen Gefühle oder Wahrnehmungen nicht mehr als ihre eigenen erkennen oder sogar ihren Körper „verlieren", wodurch sie sich auf eine erschreckende Weise unvollständig fühlen.
Handlungsmacht empfinden wir, wenn wir frei nach unserem Willen handeln. Dieses wichtige Gefühl könnte jedoch ein Trugschluss sein. Im Jahr 1982 zeigte der US-amerikanische Neurowissenschaftler Benjamin Libet (1916–2007), dass die Gehirnaktivität, die eine „freiwillige" Handlung auslöst, bereits vor der bewussten Entscheidung stattfindet. Demnach entscheidet das Gehirn über unsere Handlungen, und Momente bewusster „Entscheidung" sind lediglich ein Erleben, während dies geschieht.

BEREITSCHAFTSPOTENZIAL

Etwa eine halbe Sekunde vor einer willkürlichen Bewegung geht eine Welle unbewusster Aktivität durch das Gehirn, das sogenannte Bereitschaftspotenzial (BP). Es markiert den Beginn der Gehirnarbeit, die notwendig ist, um eine Handlung einzuleiten. Experimente zeigen, dass Menschen sich kurz vor Erreichen des BP-Spitzenwerts für eine Bewegung „entscheiden", die dann eine Sekunde später ausgeführt wird. Eine Interpretation lautet, dass die „Entscheidung", sich zu bewegen, lediglich eine frühzeitige Erkenntnis dessen ist, was das Gehirn ohnehin tun wird.

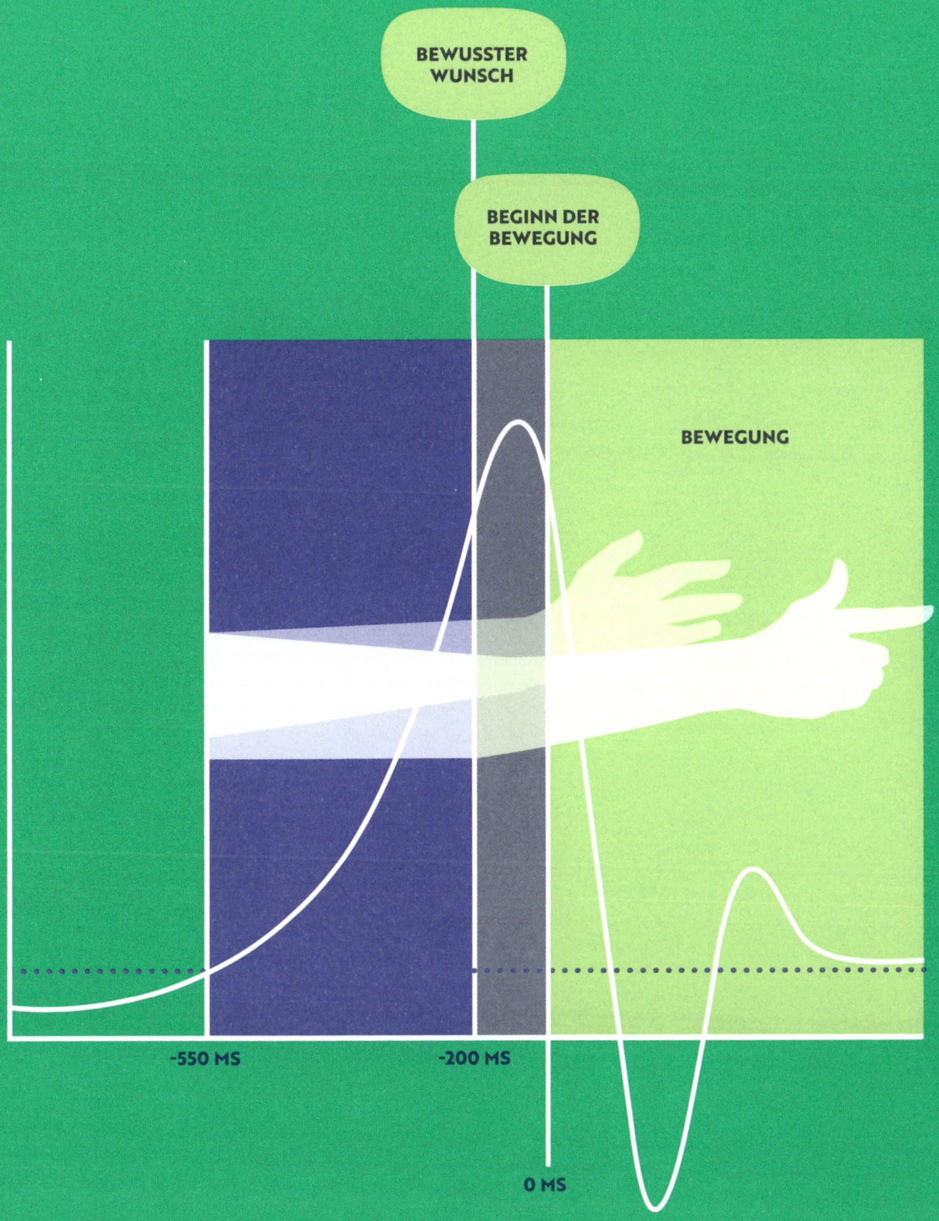

Könnte mein Gehirn ohne meinen Körper funktionieren?

→ Höchstwahrscheinlich nicht, denn das Gehirn ist ein Teil des Körpers. Man erwartet ja auch von einer abgehackten Hand nicht, dass sie munter weiterarbeitet.

In unserer Vorstellung endet das Gehirn am Genick. Diese Grenze wird hauptsächlich aus Bequemlichkeit gezogen, denn es gibt keine physische Trennung zwischen Gehirn, Rückenmark und dem peripheren Nervensystem, dessen Bahnen sich bis in die äußersten Körperteile verzweigen. Das Gehirn sendet Informationen hindurch und empfängt Informationen. Wird dieser Austausch unterbrochen, weiß das Gehirn nichts und kann auch nichts unternehmen.

Außerdem muss es für seine Arbeit unablässig mit Sauerstoff und Nährstoffen versorgt werden. Ohne Blutzufuhr wird diese Versorgung unterbrochen, und es stirbt fast augenblicklich, weshalb die Enthauptung eine sehr schnelle Tötungsmethode ist.

Das berühmte Gedankenexperiment des „Gehirns im Tank" erörtert spielerisch, was wir für wahr halten dürfen. Dazu stelle man sich einen verrückten Wissenschaftler vor, der ein Gehirn aus einem Körper entfernt und es in einen Behälter verpflanzt. Dort hält er es mit Sauerstoff, Hormonen und Nährstoffen künstlich am Leben. Außerdem füttert er das Gehirn mit Signalen, aus denen es eine vollständige virtuelle Welt von Empfindungen und Wahrnehmungen erzeugt. Es könnte im Park spazieren gehen, und nichts an dieser Erfahrung würde ihm verraten, dass es kein echtes Gras unter seinen echten Füßen spürt. Der Film „Matrix" ist eine moderne Interpretation dieser Idee. Angesichts der Tatsache, dass die subjektive Erfahrung des Gehirns im Behälter sich in nichts von seiner früheren Erfahrung im Schädel unterscheidet, wirft das Experiment die Frage auf, ob die Erfahrungen, die wir in der Geborgenheit unseres eigenen Schädels machen, überhaupt echt sind.

Jenseits derart philosophischer Erörterungen stellt sich die Frage, ob es technisch überhaupt möglich wäre, ein menschliches Gehirn in einem Tank am Leben zu erhalten. Aus offensichtlichen ethischen Gründen ist niemand bekannt, der das versucht hat. Allerdings ist es Forschern gelungen, die Funktionen eines isolierten Schweinegehirns mehrere Stunden lang aufrechtzuerhalten, indem sie seine Zellen künstlich mit Nährstoffen und Sauerstoff versorgten. Vielleicht ist es also nur eine Frage der Zeit, bis das möglich sein wird.

HIRN IM TANK

2019 hielten Forscher ein isoliertes Schweinehirn sechs Stunden lang am Leben, indem sie es künstlich mit Sauerstoff und anderen Nährstoffen versorgten – fast genau wie im Gedankenexperiment des „Gehirns im Tank". Ziel der Forschungsarbeit war es, Menschen mit Hirnverletzungen zu helfen. Obwohl das Schweinehirn viele normale physiologische Prozesse aufrechterhielt, berichteten die Forscher, dass es keine Anzeichen für neuronale Aktivitäten gab, die auf Wahrnehmungen, Gefühle oder ein Bewusstsein schließen ließen.

Unterscheiden sich die Gehirne von Mensch und Tier?

→ Allerdings. Es gibt sogar Tierarten ohne Gehirn, deren Nervensystem über den Körper verteilt ist. Alle Wirbeltiere haben jedoch den gleichen Grundbauplan. Bei ihnen liegt der Unterschied in der Vernetzung.

Auf den ersten Blick sieht das menschliche Gehirn ähnlich aus wie das der anderen großen Wirbeltiere. Es ist eindeutig groß, dreimal so groß wie das Gehirn unserer nächsten Verwandten, der Schimpansen. Dabei ist es kleiner als das eines Delfins oder eines Elefanten, und im Verhältnis zur Gesamtkörpergröße ist es vergleichbar mit dem Gehirn einer Maus.

In seiner Form unterscheidet sich das menschliche Gehirn vor allem durch seine ausgeprägten Frontallappen. Im Querschnitt zeigt sich, dass die runzelig-graue Haut der Großhirnrinde wie eine laminierte Windschutzscheibe aus Schichten aufgebaut ist. Der größte Teil der Großhirnrinde besteht aus sechs miteinander verbundenen Gewebeschichten, die als Neokortex bezeichnet werden. Bei anderen Wirbeltieren ist die Großhirnrinde dünner und besteht hauptsächlich aus einem evolutionär älteren Typ mit weniger Schichten.

Unter der Großhirnrinde befindet sich eine Masse weißlichen Gewebes aus fettumhüllten Zellfortsätzen, den Axonen und Dendriten, die sich zwischen den kortikalen Neuronen winden. Diese Substanz übermittelt die elektrischen Informationen, die das Gehirn funktionieren lassen. Sie ist beim Menschen dichter, insbesondere in den Frontallappen. Es ist jedoch nicht nur das Volumen aller Neuronen, das unser Gehirn so intelligent macht, sondern vielmehr die Art und Weise, in der sie zusammenarbeiten. Diese kann mithilfe bildgebender Verfahren wie der fMRT dargestellt werden. Die Fähigkeit, die uns am meisten von anderen Tieren unterscheidet, ist die der Sprache. Die dafür zuständigen Gehirnareale befinden sich bei den meisten Menschen in der linken Hirnhälfte, um das und vor dem Ohr. Seltsamerweise sind diese wichtigen Teile selbst unter dem Mikroskop kaum erkennbar. Sie sind nicht einfach durch äußeres Wachstum entstanden, sondern durch eine massive innere Neuverkabelung, die etwa stattfand, als der Mensch aufrecht zu gehen und zu jagen begann. Zwischen den Gehirnbereichen, die für Gesten, Lautäußerungen und Hören zuständig sind, bildeten sich Nervenbahnen, die sich dann mit den Bereichen für Gedächtnis und Erkennung verbanden.

Dank dieser neuen Supervernetzung konnten die Menschen Sprache entwickeln, Wörter mit Objekten verbinden und Symbole erschaffen, die Grundlage des abstrakten Denkens. Viele andere Tiere verfügen über Gehirnregionen, die der Kommunikation dienen, bei uns jedoch sind diese auf einzigartige Weise mit den Bereichen fürs Denken verbunden.

ASSOZIATIONSFELDER

Alle Säugetiere haben „Assoziationsfelder" in ihrer Großhirnrinde, wo aktuelle Wahrnehmungen mit Erinnerungen, Gedanken und Muskelsteuerung verbunden werden, um angemessene Reaktionen zu erzeugen. Das Gehirn eines Hundes verbindet den Anblick eines laufenden Kaninchens mit der Vorstellung von Nahrung und Bewegungsabläufen für die Jagd, und der Hund beginnt zu jagen. Die Assoziationsbereiche des Menschen bringen ungleich mehr Faktoren ins Spiel: Vorstellungen von Hauskaninchen, Kaninchenfallen, Osterhasen, Zeichentrickfiguren oder getreidefressenden Schädlingen. Unsere Reaktionsmöglichkeiten sind viel breiter und flexibler. Das bezeichnen wir als Intelligenz.

Wie konnte sich das menschliche Gehirn so entwickeln?

→ Unser aufrechter Gang gab den Startschuss für einen langen Evolutionsprozess, währenddessen sich ein kleines, gefühlsbetontes Affenhirn in das denkende, sprechende, intelligente Organ verwandelte, das wir heute besitzen.

Die ersten unbestreitbar menschlichen Tiere wurden nach ihrer charakteristischen Haltung benannt: Homo erectus. Der aufrechte Gang brachte Vor- und Nachteile.

Die erhöhte Augenposition ermöglicht und verbessert im Vergleich zur bodennahen Perspektive einen Blick auf die Landschaft, der mehr visuelle Komponenten erfasst. Um diese zusätzlichen Eindrücke zu verarbeiten, vergrößerte sich das menschliche Gehirn in den sogenannten Assoziationsfeldern oder -gebieten der Großhirnrinde, wo Details zu einem Gesamtbild zusammengesetzt werden. Ein Gehirn kann umso mehr Informationen verarbeiten, je größer seine Assoziationsgebiete sind. Die Frontallappen des Menschen sind die größten Assoziationsgebiete überhaupt.

Ein weiterer Vorteil des aufrechten Gangs war die Fähigkeit, weit Entferntes zu erkennen, darunter auch potenzielle Beutetiere. Das erleichterte die Jagd, und der Fleischanteil der menschlichen Ernährung erhöhte sich. Tierisches Eiweiß lieferte zusätzliche Kalorien für das Wachstum des Gehirns, dessen Betrieb 20 Prozent unserer verfügbaren Energie verbraucht. Die Jagd erfordert Spürsinn, Timing und die Herstellung von Werkzeugen, alles Fähigkeiten, die das Wachstum des Frontallappens weiter anregten. Außerdem könnte die Jagd auch zur Entstehung der Sprache beigetragen haben. Fußabdrücke in Afrika deuten darauf hin, dass Menschen bereits vor 1,5 Millionen Jahren in Gruppen jagten, wobei die Teamarbeit eine ausgefeilte Kommunikation erfordert. Neuronale Verbindungen entstanden, die immer komplexere Handgesten steuerten, und den daran angrenzenden Arealen, die Mundbewegungen und Atmung kontrollieren. So konnten Laute artikuliert und mit der Bedeutung von Gesten verknüpft werden.

Die aufrechte Körperhaltung hatte jedoch einen gravierenden Nachteil: Sie verengte das Becken und machte somit das Gebären schmerzhaft und schwierig. Die evolutionäre Lösung bestand darin, dass menschliche Säuglinge mit einem kleinen und nachgiebigen Kopf geboren wurden. So konnte der Schädel durch den engen Geburtskanal gepresst werden und sich anschließend für das Gehirnwachstum ausdehnen. Diese „unreife" Geburt bedeutet, dass menschliche Säuglinge deutlich länger von ihren Müttern abhängig waren als andere Arten, was diese wiederum gefährdete, da sie an ihre Kinder gebunden waren. Eine Lösung bestand in den komplexen sozialen Netzwerken zu ihrer Unterstützung. Das gelang denen am besten, die gute kommunikative und soziale Fähigkeiten hatten. Sie überlebten und mit ihnen die zugrundeliegenden Gene.

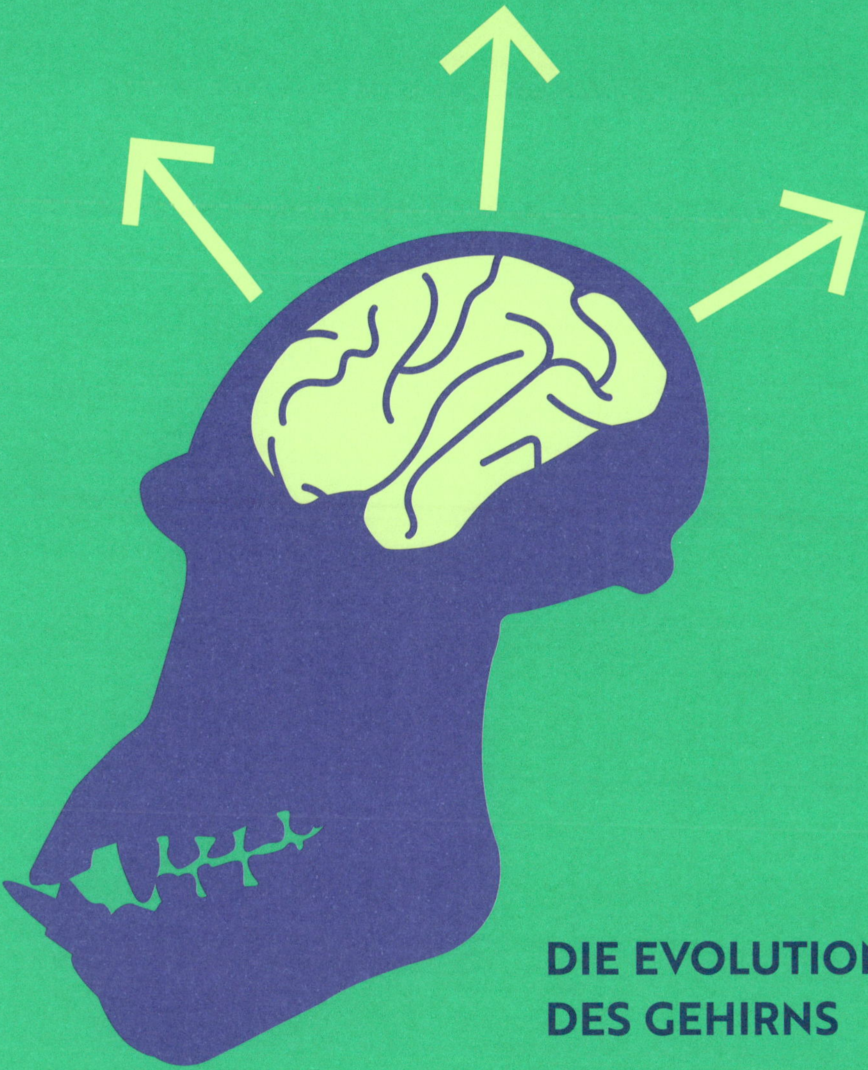

DIE EVOLUTION DES GEHIRNS

Das Gehirn der Hominiden vergrößerte sich allmählich und stetig, bis es dreimal so groß geworden war wie das unserer frühesten Vorfahren. Forscher von der Universität Chicago untersuchten die Fossilien von dreizehn menschlichen Arten, beginnend mit dem Australopithecus, welcher vor 3,8 Millionen Jahren lebte. Dabei entdeckten sie, dass sich das Gehirn kontinuierlich und nicht stufenweise vergrößert hatte, sowohl innerhalb bestehender Arten als auch durch das Auftreten neuer Arten mit größerem Gehirn.

Wachsen unsere Gehirne immer weiter?

Kurz nach der Geburt werden Millionen neuer Gehirnzellen gebildet, doch dieses neuronale Wachstum kommt nach etwa zwei Jahren zum Stillstand. Dennoch wird das Gehirn schwerer und größer, denn nun dehnen sich die Zellen aus.

Unser Gehirn verändert sich ständig, doch jenseits des Kleinkindalters wächst hauptsächlich das Bindegewebe zwischen den Neuronen anstatt neuer Zellen. Lange Fortsätze, die sogenannten Axone, schlängeln sich aus dem Zellkörper der Neuronen und suchen nach anderen Neuronen, mit denen sie sich verbinden können. Reifende Axone werden von Myelin umhüllt, einer fetthaltigen Substanz, die wie eine elektrische Isolierschicht wirkt und den Stromfluss, der die Informationen zwischen den Neuronen übermittelt, beschleunigt und glättet.

Im Alter von drei Jahren haben diese Verbindungen ein dichtes Netzwerk ausgebildet, durch das elektrische Informationen chaotisch hin und her flitzen. Der „Lärm" im Gehirn eines Kleinkindes wird in den folgenden Jahren durch einen Prozess namens Apoptose reduziert, ein programmiertes Absterben jener Nervenverbindungen, die keine nützlichen Informationen transportieren. Das ist etwa so, als würde man einem jungen Strauch einen Formschnitt verabreichen. Übrig bleiben nützliche Verbindungen, die beispielsweise das Gehirn darüber informieren, wo sich die Füße befinden, damit das Kind nicht beim Laufen stürzt. Diese werden verstärkt, indem immer mehr Neuronen ihre Axone entlang derselben Route senden. Faserdünne Verbindungen zwischen Neuronen, die auf das „Nein" einer Bezugsperson reagieren, und solchen, die dann eine Handlung unterbinden, wachsen sich mit der Zeit zu dicken und effektiveren Nervenbahnen aus.

Das Myelinwachstum hält bis zum 30. Lebensjahr an, und solange wir neue Dinge lernen, bilden sich neue Verbindungen, die das Gehirn immer dichter vernetzen. Auch neue Neuronen werden noch ausgebildet, jedoch nur in einigen wenigen Gebieten, und sie tragen nicht wesentlich zum Gesamtwachstum des Gehirns bei. Bei den meisten Menschen beginnt das Gehirn nach dem 60. Lebensjahr zu schrumpfen, auch ohne Demenz. Zwischen dem frühen Erwachsenenalter und dem Tod einer Person verliert das Gehirn im Schnitt etwa 10 Prozent seines Gewichts.

BABYGEHIRN

Die Zahl der Nervenzellen nimmt nach der Geburt ab, dennoch wächst das Gehirn in den ersten beiden Lebensjahren dramatisch. Das liegt hauptsächlich am Wachstum der Axone, die sich nach anderen Zellen ausstrecken, um Verbindungen einzugehen. Viele davon sind jedoch nicht nützlich und werden in den folgenden Jahren abgebaut. Zurück bleibt ein optimiertes Netzwerk mit weniger, dafür jedoch stärkeren Verbindungen.

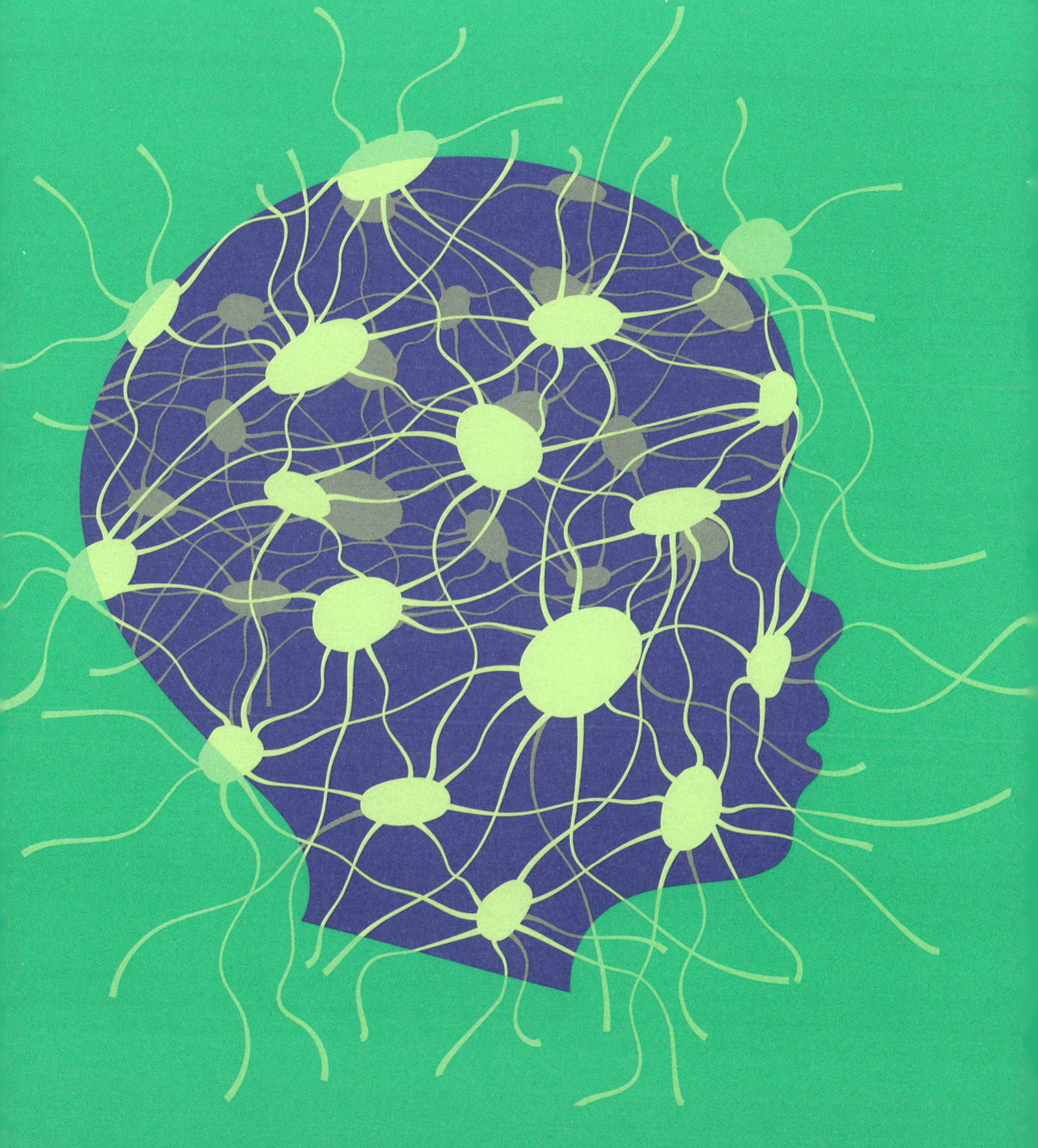

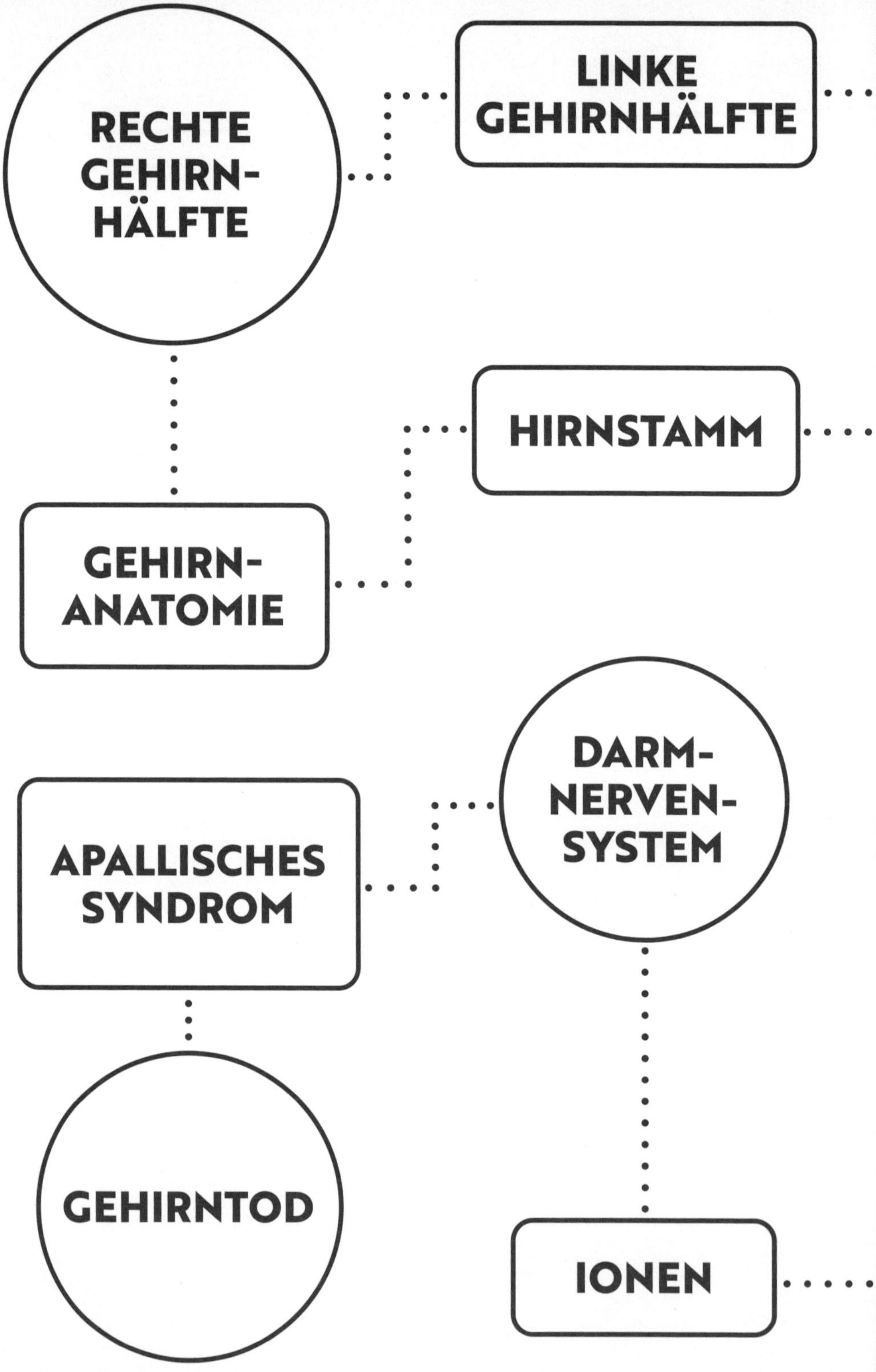
RECHTE GEHIRNHÄLFTE
LINKE GEHIRNHÄLFTE
HIRNSTAMM
GEHIRNANATOMIE
DARMNERVENSYSTEM
APALLISCHES SYNDROM
GEHIRNTOD
IONEN

KAPITEL 2

GEHIRN-STRUKTUR

DREIEINIGES GEHIRN

LÄNGSFURCHE

GROSSHIRNLAPPEN

NEUROTRANSMITTER

EINLEITUNG

Das menschliche Verhalten ist so vielfältig und bemerkenswert, dass man kaum geneigt ist, es auf ein einzelnes Körperorgan zurückzuführen, und schon gar nicht, wenn sich dieses dem bloßen Auge als unscheinbar runzlig-grauer Klumpen präsentiert. Frühe Anatomen interessierten sich hauptsächlich für das Herz. Sie konnten sehen, dass es lebensspendendes Blut pumpte und auf Ereignisse und Gefühle reagierte. Bei Aufregung schlug es schneller, und wenn eine Person gelassen war, verlangsamte es sich. Daher glaubte man auch, das Herz sei der Sitz der menschlichen Gefühle.

Erst sehr spät bekam man eine zunächst eher grobe Vorstellung davon, welche Funktionen bestimmte Hirnareale erfüllten. Mit der Erfindung bildgebender Verfahren im späten 20. Jahrhundert wurde es schließlich möglich, dem Gehirn sozusagen bei der Arbeit zuzuschauen. Davor war die Forschung primär auf „Zufallsexperimente" angewiesen, wie beispielsweise auf Unfälle, die bestimmte Hirnareale beschädigt und so Verhaltensänderungen ausgelöst hatten. Durch das Abgleichen dieser Veränderungen mit den beschädigten Hirnarealen begannen Wissenschaftler damit, eine Karte der Gehirnfunktionen zu erstellen. Mit der Entwicklung hochauflösender Mikroskope zeigte sich dann, dass das scheinbar undifferenzierte Hirngewebe tatsächlich aus Hunderten unterschiedlicher Bereiche besteht, die von einer besonderen Zellart, den Neuronen, am Laufen gehalten werden. Heute können wir mithilfe der Technologie beobachten, wie die neuronale Aktivität verschiedener Hirnareale Erfahrungen und Verhalten hervorbringt.

Dieses Kapitel beschreibt einige der neuesten Erkenntnisse zur überraschend komplexen Struktur des menschlichen Gehirns. An seiner Basis schlummert der Hirnstamm, das sogenannte „Reptiliengehirn". Darüber befindet sich das **LIMBISCHE SYSTEM** mitsamt Freuds Unbewusstem, über dem sich wiederum die graue Haut der **GROSSHIRNRINDE** (**KORTEX**) faltet. Diese ist vielschichtig aufgebaut und mit den darunterliegenden Teilen wechselseitig verbunden. Außerdem werden wir uns mit zwei ebenso weitverbreiteten wie missverstandenen Vorstellungen befassen. Die eine ist, dass unser sogenanntes **DARMNERVENSYSTEM** eine Art zweites Gehirn im Darm darstellt, welches unsere Stimmungen und unsere psychische Gesundheit beeinflusst. Die andere, dass unsere **RECHTE HIRNHÄLFTE** kreativ und die **LINKE HIRNHÄLFTE** logisch ist. Beiden Ideen liegen wissenschaftlich erwiesene, physiologische Fakten zugrunde, doch ihre ständige Wiederholung und Vereinfachung hat ihnen eine geradezu mythische Dimension verliehen.

Schließlich betrachten wir das Leben selbst: wie Neuronen die elektrische Energie erzeugen, die uns am Leben hält, und ob ein Leben ohne Gehirn überhaupt möglich ist.

ÜBERSICHT GEHIRNSTRUKTUR

PAUL D. MACLEAN (1913–2007)
US-amerikanischer Neurowissenschaftler, der die Idee des dreieinigen Gehirns einführte. Demnach verfügen Menschen über drei voneinander getrennte Gehirne (Reptilien-, Säugetier- und Menschengehirn), die sich übereinander entwickelt haben.

GEHIRNHÄLFTEN

LINKE GEHIRNHÄLFTE
Bei den meisten Menschen die dominante Hälfte des Gehirns; steuert die rechte Körperseite und übernimmt die offensichtlichsten Sprachfunktionen; befasst sich mehr mit Details und Plänen als die rechte Hirnhälfte.

RECHTE GEHIRNHÄLFTE
Steuert die linke Körperhälfte, erfasst Sprachrhythmus und emotionalen Tonfall, behält den Überblick über Situationen und ist bei den meisten Menschen visueller und intuitiver als die linke Hälfte.

LIMBISCHES SYSTEM
Teil des Gehirns unterhalb der Großhirnrinde, das Emotionen erzeugt und an Lernprozessen, dem Gedächtnis und vielen Aspekten des Verhaltens beteiligt ist.

HIRNLAPPEN (LOBI)
Jede Gehirnhälfte ist in vier Lappen unterteilt, von denen jeder mit bestimmten Funktionen in Verbindung gebracht wird: Frontallappen, Parietallappen, Temporallappen und Okzipitallappen.

HIRNSTAMM
Am unteren Ende des Gehirns gelegen, kontrolliert dieser Teil grundlegende Lebensfunktionen wie Atmung, Blutdruck und Schlaf-/Wachzyklen.

DARMNERVENSYSTEM
Dichtes Netz von Nervenzellen, eingebettet in die Wand des Magen-Darm-Systems, das sich vom Magen bis zum Rektum erstreckt und Emotionen, Gesundheit und Wohlbefinden beeinflusst.

GROSSHIRNRINDE
Die faltige äußere Schicht des Gehirns, die für bewusste Wahrnehmung und Erkenntnis zuständig ist, sowie für höhere Denkprozesse und Problemlösung.

SYSTEME

GROSSHIRN (ENDHIRN, CEREBRUM)

Der große runde Teil des Gehirns, der sich in zwei Hälften unterteilt. Sein hinterer Bereich ist hauptsächlich für die Sinneswahrnehmung zuständig, der vordere Teil für die Wahrnehmungsverarbeitung.

NEUROTRANSMITTER (BOTENSTOFFE)

Chemikalien, die in den Enden der Axone gebildet und gespeichert werden. Bei Erregung des Axons werden sie freigesetzt, um elektrische Signale an die nächste Nervenzelle zu übertragen. Es gibt mehr als hundert verschiedene Typen.

SYNAPSEN

Winzige Lücken zwischen Axonen und Dendriten. Kommunikationszentren der Neuronen.

KLEINHIRN

Teil des Gehirns, der für die Körperhaltung und das Gleichgewicht zuständig ist und feine und automatische Bewegungen steuert. Auch hat es einen Einfluss auf die Emotionen.

DENDRITEN

Verzweigte Fasern, an deren Enden sich Rezeptoren für den Empfang der Elektrizität aus den Axonen anderer Neuronen befinden.

HYPOTHALAMUS

Eine Ansammlung winziger Kerne, die den Zustand des Körpers regulieren, darunter Appetit, Triebe, Durst und Temperatur.

APALLISCHES SYNDROM

Wenn eine Person schwere Schädigungen des Großhirns überlebt und Funktionen wie Atmung, Kreislauf und Schlaf-Wach-Zyklen weiterbestehen.

MANDELKERN (AMYGDALA)

Paarige Struktur mandelförmiger Kerne im limbischen System. Bewertet eingehende Informationen und löst emotionale Reaktionen aus.

THALAMUS

Dieser zentral gelegene Gehirnteil nimmt bis auf Gerüche alle Informationen von der Außenwelt auf und verschaltet sie zur Weiterverarbeitung im Großhirn. Spielt eine entscheidende Rolle für die bewusste Wahrnehmung.

HIPPOCAMPUS

Teil des limbischen Systems, der Informationen kodiert, speichert und abruft. Der Sitz des Lernens und des Gedächtnisses.

Haben wir je ein Reptilien-, Säugetier- und Menschengehirn?

→ Jeder von uns hat nur ein Gehirn, doch aus evolutionärer Sicht hat das sogenannte dreieinige Gehirn eine gewisse Berechtigung: physisches Überleben, Emotionen, Bewusstsein und Gedanken werden auf drei kognitiven Ebenen geregelt, die weitgehend auf drei Gehirnregionen verteilt sind.

In den 1950er-Jahren erarbeitete der US-Neurowissenschaftler Paul D. MacLean (1913–2007) die Idee vom dreieinigen Gehirn. Ihr zufolge hat der Mensch drei separate Gehirne entwickelt, die übereinander angeordnet sind. Tatsächlich gibt es drei identifizierbare Schichten, die sich nacheinander im Laufe der Evolution von Reptilien über Säugetiere bis hin zum Menschen entwickelt haben. Allerdings sind diese nicht wirklich getrennt, wie bei MacLean.

Die Theorie des dreieinigen Gehirns wurde heftig kritisiert, weil sie nicht ausreichend widerspiegelt, wie alle Gehirnregionen zusammenarbeiten. Aus heutiger Sicht erscheint es fragwürdig, ob die Evolution das menschliche Gehirn so „gebaut" hat, wie MacLean vermutete. Statt unterschiedlicher Strukturen besitzen alle Wirbeltiere die von MacLean identifizierten drei Gehirne, allerdings unterscheiden sich die Proportionen. Selbst Reptilien haben eine Gehirnregion, die wie die Großhirnrinde der Säugetiere aufgebaut ist. Die Idee des dreiteiligen Gehirns hat sich jedoch gehalten und ist nach wie vor nützlich, um die geistigen Aktivitäten verschiedener Gehirnebenen abzugrenzen.

MacLean bezeichnete den unteren Teil des Gehirns als Reptiliengehirn. Dazu gehören der Hirnstamm, der grundlegende Lebensfunktionen wie Herzschlag und Atmung steuert, sowie das Kleinhirn, das für Körperhaltung, Gleichgewichtssinn und automatische Bewegungen zuständig ist. Der mittlere „Säugetier"-Teil, das sogenannte limbische System, verdankt seinen Namen MacLean. Hier werden unter anderem das Gedächtnis und Gefühle verwaltet. Das „Menschen"-Gehirn ordnete MacLean dem Neokortex in der Großhirnrinde zu. Hier sind Denken, Urteilsvermögen und Sprache zu Hause.

Diese simple Trennung der Kognitionstypen ist irreführend, da alle drei Gehirnteile miteinander verschmolzen sind und nur selten isoliert arbeiten. Beim Menschen etwa ist das Kleinhirn an der Gefühlssteuerung, der Impulskontrolle und sogar am Gedächtnis beteiligt. Das limbische System hat Anteil am Lernen, dem Gedächtnis, sowie an vielen Aspekten des Verhaltens. Die Großhirnrinde kommuniziert ständig mit den unteren Ebenen, und alle drei Teile beeinflussen sich gegenseitig.

DREIEINIGES GEHIRN

Das Gehirn entwickelte sich wie eine schnell in die Höhe wachsende Stadt. An der Basis, die bereits bei den Reptilien vorhanden war, werden Atmung, Blutdruck, Aufmerksamkeit und Reflexe gesteuert. Säugetiere entwickelten die nächste Ebene, das sogenannte limbische System, das zu Erinnerungen und Gefühlen befähigt. Darüber entwickelte sich die Großhirnrinde, die in zusätzlichen Schichten zum Neokortex heranwuchs, der sehr komplexes Verhalten ermöglicht. Der Neokortex dehnte sich dann aus und bildete den riesigen präfrontalen Bereich, der heute das menschliche Gehirn auszeichnet.

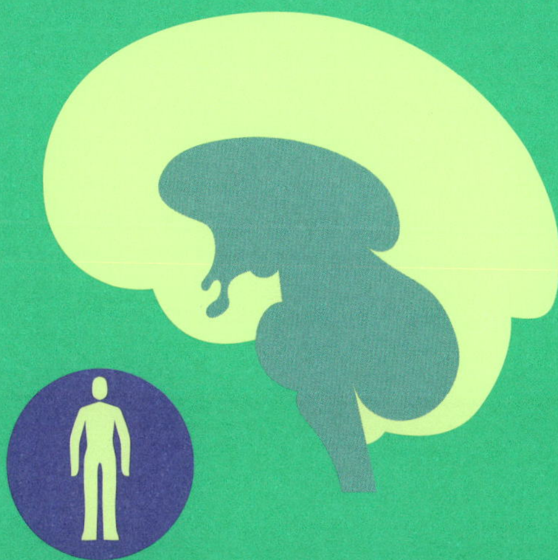

Ist die rechte Hirnhälfte kreativ und die linke logisch?

→ Beide können beides, nur nicht unbedingt gleich gut. Die Unterschiede werden bisweilen übertrieben, doch die alte Aufteilung in Logik- und Kreativsphäre hat einen wahren Kern.

Die Gehirnhälften sind wie Spiegelbilder. All ihre Teile sind beidseitig angelegt, und physiologische Unterschiede sind meist mikroskopisch klein. Mit der Zeit führen diese minimalen Unterschiede jedoch dazu, dass sich die Hälften unterschiedlich spezialisieren.
Bei den meisten Menschen dominiert dann die linke Gehirnhälfte, welche die rechte Körperseite steuert. Sie übernimmt grundlegende Sprachaufgaben wie Wortverständnis, Lesen und Sprechen, während sich die entsprechenden Bereiche der rechten Hemisphäre auf Sprachrhythmus und emotionalen Tonfall spezialisieren. Die linke Hemisphäre konzentriert sich eher auf Details und Pläne, während die rechte Hälfte die Gesamtsituation im Auge behält. Negative Emotionen entstehen eher rechtsseitig und wirken gegebenenfalls warnend auf die entschieden optimistischen Lagebeurteilungen der linken Seite.
Weil die linke Hemisphäre den Sitz der Sprache darstellt, lässt sich vermuten, dass sie auch das bewusste Denken hervorruft. Wenn sie spricht, drückt sie ihre eigenen Ideen aus und nicht die des gesamten Gehirns. Bei gesunden Menschen kommunizieren beide Seiten unablässig miteinander, sodass sie als Einheit funktionieren. Der Informationsaustausch erfolgt über ein zentrales Band miteinander verbundener Axone, dem Corpus callosum.
Eine Reihe faszinierender Experimente deutet darauf hin, dass es in unserem Kopf zwei Persönlichkeiten geben könnte. Dabei wurden die Hirnhälften von freiwilligen Probanden chirurgisch getrennt, sofern es eine medizinische Indikation dafür gab, etwa um schwere epileptische Anfälle in den Griff zu bekommen.
Danach zeigten die Forscher mithilfe komplizierter Geräte jeder Hirnhälfte ein anderes Objekt. Nun gab es keine interne Kommunikation zwischen den Hemisphären mehr und wenn der rechten Hirnhälfte etwa eine Gabel gezeigt wurde, konnten die Probanden diese nicht mehr benennen. Als sie jedoch gebeten wurden, den Gegenstand durch Berühren mit der linken Hand, die von der rechten Gehirnhälfte gesteuert wird, zu identifizieren, stellte das kein Problem dar.
Der US-amerikanische Neurowissenschaftler und Urheber des „Split-Brain"-Projekts (Geteiltes-Hirn-Projekt) Roger Sperry (1913–1994) bemerkte: „Alle unsere Beobachtungen deuten darauf hin, dass die Operation bei diesen Menschen zwei Persönlichkeiten beziehungsweise getrennte Bewusstseinsbereiche hinterlassen hat."

GETEILTES-GEHIRN-EXPERIMENTE

In seinen Split-Brain-Experimenten an Menschen mit chirurgisch getrennten Hirnhälften zeigte der Neurowissenschaftler Roger Sperry jeder Gehirnhälfte ein anderes Objekt. Die linke Hirnhälfte, der Sitz der Sprache, konnte das gezeigte Objekt benennen. Der rechten gelang dies nicht, weil sie die Information nicht mehr an die linke, artikulierende Hälfte weiterleiten konnte. Die rechte Gehirnhälfte hingegen konnte mit dem Tastsinn erkennen. Als die Probanden gebeten wurden, den Gegenstand, welcher der rechten Gehirnhälfte gezeigt worden war, mit ihrer linken Hand (von der rechten Gehirnhälfte gesteuert) auszuwählen, griffen sie nach dem richtigen Gegenstand, obwohl sie nicht sagen konnten, wie.

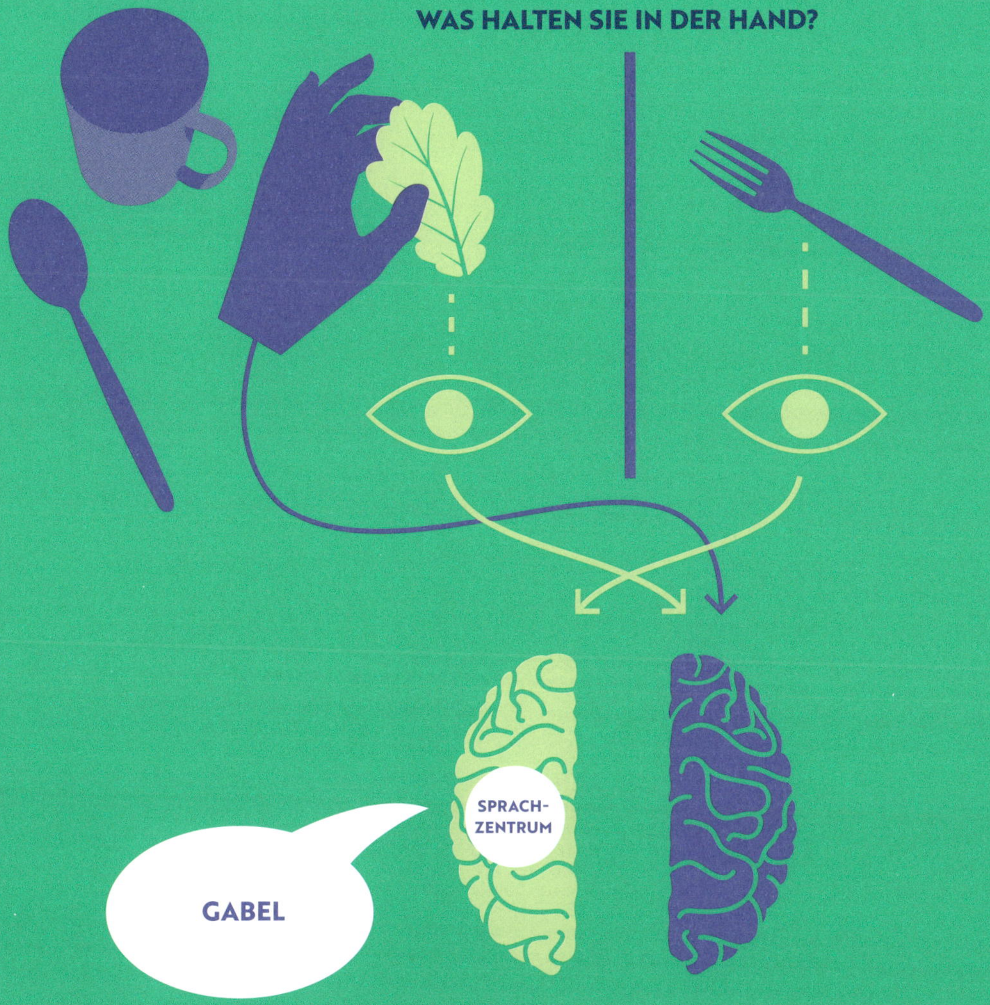

Welches sind die Hauptstrukturen des Gehirns?

→ Einige der wichtigsten Gehirnstrukturen sind gut sichtbar, so wie die beiden Hirnhälften und die gewundene graue Hirnrinde. Andere können nur im aufgeschnittenen Zustand gesehen werden.

Die große, rundliche Hauptform des Gehirns ist das Großhirn, über das sich die Windungen der Großhirnrinde legen. Aus dem hinteren Teil des Großhirns wölbt sich nach unten hin das Kleinhirn, das wie eine Miniaturversion des Hauptorgans aussieht. Vor dem Kleinhirn liegt der Hirnstamm, der nach unten hin ins Rückenmark übergeht.

Das Großhirn wird durch einen tiefen, von vorne nach hinten verlaufenden Spalt, die sogenannte Längsfurche, in zwei Hirnhäften oder Hemisphären geteilt. Jede der beiden umfasst vier Lappen, die wiederum durch tiefe Furchen, genannt Sulci (Singular: Sulcus), voneinander getrennt sind. Zwischen den Sulci wölbt sich die Hirnrinde zu wurstförmigen Windungen, den Gyri (Singular: Gyrus). Anhand der Windungen und Furchen lassen sich die Funktionsbereiche des Gehirns bestimmen. Der Gyrus fusiformis beispielsweise verläuft entlang der unteren Kante der linken Hemisphäre und ist dafür bekannt, dass er Rohbilder zu erkennbaren Objekten verarbeitet. Der hintere Bereich des Großhirns befasst sich hauptsächlich mit Sinneswahrnehmungen, während der vordere Teil diese weiterverarbeitet. Über das Großhirn winden sich zwei benachbarte Bänder. Das hintere ist der somatosensorische Kortex, der Informationen aus dem Körper registriert. Das vordere Band ist der motorische Kortex, der Körperbewegungen steuert.

Die meisten Hauptstrukturen des Gehirns sind nur im Querschitt zu erkennen. Wenn man das Großhirn entlang der Längsfurche von oben her aufscheidet, wird beidseitig zunächst eine innere Falte grauer Substanz sichtbar, die sogenannte Gürtelwindung (Gyrus cinguli). Darauf folgt der Hirnbalken, genannt Corpus callosum, ein dickes Band aus Bindegewebe, das beide Hirnhälften verbindet und Informationen zwischen ihnen übermittelt.

Unter dem limbischen System befindet sich eine Gruppe funktioneller Bereiche, die uns auf unsere Umgebung abstimmen und die Reaktion auf sie ermöglichen. Der Thalamus nimmt alle Informationen auf, filtert sie und leitet sie an die richtigen Stellen weiter. Der Hypothalamus steuert unsere Wünsche und körperlichen Bedürfnisse, die Amygdala filtert eingehende Informationen und löst entsprechende emotionale Reaktionen aus, und der Hippocampus ist der Sitz des Lernens und des Gedächtnisses.

Grundlegende Überlebensmechanismen wie Atmung, Blutdruck und Schlaf-Wach-Zyklen werden vom Hirnstamm gesteuert. Sein unterer Teil verbindet das Gehirn mit dem Rückenmark.

ANATOMIE DES GEHIRNS

Das Gehirn ist ein unglaublich kompliziertes Organ. Es besteht aus Hunderten sogenannter Nuclei (Kerne), Ansammlungen von Nervenzellkörpern, die sich in Form und Größe stark unterscheiden. Ihr innerer Aufbau ist oft sehr komplex und wird bisweilen ebenfalls in Kerne unterteilt. Die physische Beschaffenheit des Gehirns liefert weiterhin neue Forschungsergebnisse, da sich Mikroskope und Seziertechniken verbessern und feinere Details sichtbar gemacht werden können. Bildgebende Verfahren verleihen uns Einblicke in das lebende, arbeitende Gehirn und enthüllen nach und nach die Funktionen einzelner Areale.

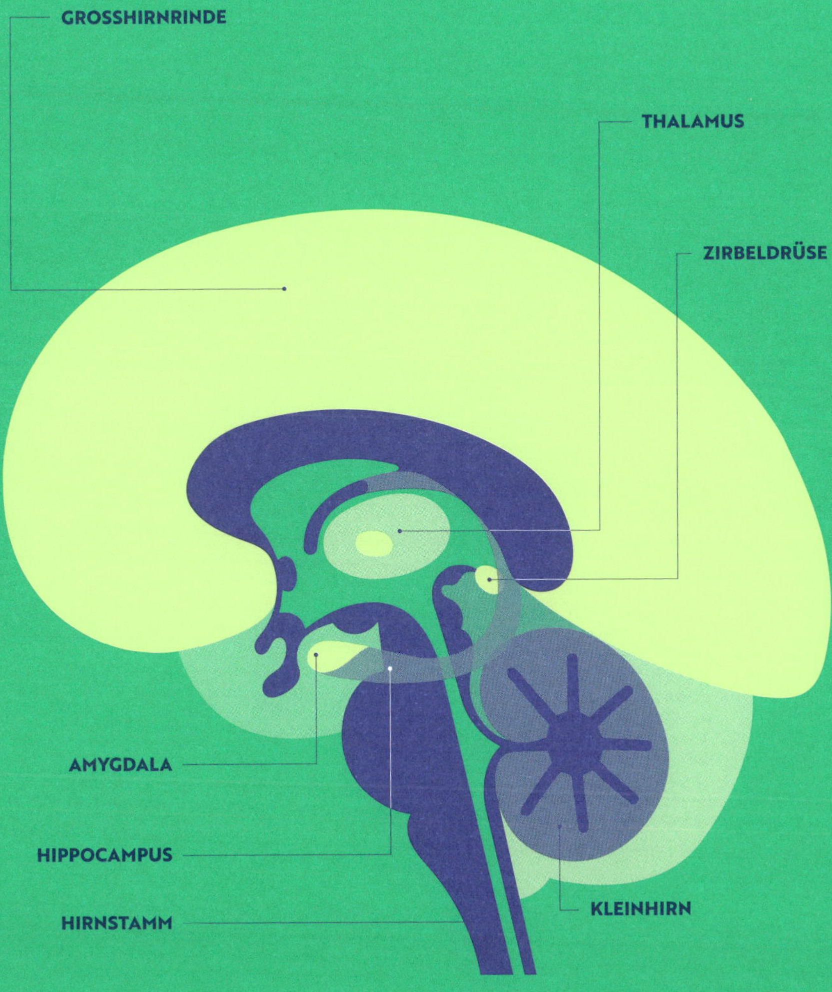

Wenn mein Gehirn mit Strom funktioniert, wo ist dann die Batterie?

→ Man geht davon aus, dass der Betrieb des Gehirns etwa 20 Watt verbraucht. Seine etwa 90 Millionen Neuronen sind wie winzige Batterien, und der Strom, den sie produzieren, transportiert die Signale, die all unseren Erlebnissen zugrunde liegen.

Es gibt verschiedene Arten von Nervenzellen. Motoneuronen verlaufen entlang der Wirbelsäule, kürzere Schaltneuronen fungieren als Relais und sensorische Neuronen leiten Informationen aus dem Körper weiter. Ihre Funktionen weichen voneinander ab, und sie sehen recht unterschiedlich aus, doch ihr Grundbauplan ist ähnlich.

Aus den Zellkörpern aller Neuronen ragen Fasern hervor. Eine davon, das Axon, leitet Elektrizität an andere Neuronen weiter, während die anderen Fasern, sogenannte Dendriten, über Rezeptoren an ihren Enden Signale empfangen. Winzige Lücken, die Synapsen, trennen die miteinander verschaltenen Axone und Dendriten. Die meisten Neuronen speichern in den sogenannten Terminals am Ende ihrer Axone chemische Botenstoffe, die Neurotransmitter. Ein Neuron erzeugt Elektrizität, wenn es „feuert". Das ist ein komplexer Vorgang, der mehrere hundert Male pro Sekunde stattfinden kann. Neuronen im Ruhezustand haben eine hohe Konzentration an negativ geladenen Ionen (Moleküle [Anm. d, Übersetzers] mit einem oder mehreren zusätzlichen Elektronen), während die sie umgebende Flüssigkeit eine hohe Konzentration positiver Ionen aufweist. Wird die Zelle stark genug stimuliert, öffnen sich winzige Kanäle in ihrer äußeren Membran, und positive Ionen strömen ein. Dadurch entsteht eine kleine Ladung, die zur Spitze des Axons fließt, das dort seine Neurotransmitter freisetzt. Diese chemischen Botenstoffe transportieren dann das Signal über die Synapse zum nächsten Neuron, das nun ebenfalls feuern kann. Eine solche elektrische Kettenreaktion kann sich entlang der Nervenbahn fortpflanzen wie ein Funke auf der Dynamitspur.

Gemeinsames Feuern programmiert Neuronen darauf, auch in Zukunft gemeinsam zu feuern. Dieser Effekt wird als Langzeitpotenzierung bezeichnet. Neuronen, die öfter gemeinsam feuern, strecken ihre Axone und Dendriten nacheinander aus, bis diese stabile Verbindungen eingehen. Die so entstehenden Netzwerke aus Neuronen sind die Grundlage unserer Lernfähigkeit und unserer Erinnerungen.

LANGZEITPOTENZIERUNG

Wenn Neuronen wiederholt gemeinsam feuern, wird ihre Verbindung an der Synapse gestärkt. Neuron 1 (links) feuert und sendet Botenstoffe über den synaptischen Spalt zu den Rezeptoren des Dendriten von Neuron 2, die daraufhin selbst feuert. Neuron 2 erhöht die Anzahl seiner Rezeptoren, um weitere Nachrichten von Neuron 1 leichter empfangen zu können. Nr. 1 setzt mehr Neurochemikalien frei, da sie häufiger feuert, und Nr. 2 hat mehr Rezeptoren, um diese aufzunehmen. Somit fließt die „Konversation" …

Haben wir ein zweites Gehirn im Darm?

→ Nein. Aber der Darm kommuniziert unablässig mit dem Gehirn. Er beeinflusst maßgeblich, wie es uns geht, und manchmal weiß er sogar Dinge, bevor sie uns bewusst werden.

Das enterische oder Darmnervensystem (ENS) wird auch als „Bauchgehirn" bezeichnet. Es ist ein dichtes Geflecht von Nervenzellen, das sich vom Magen bis zum Enddarm entlang der Wände des Verdauungssystems erstreckt. Obwohl es weder rechnen noch Musik komponieren kann, beeinflusst es unsere Emotionen, unsere Gesundheit und das allgemeine Wohlbefinden.

Die Hauptaufgabe des ENS besteht in der Steuerung unserer Verdauung, vom Schlucken bis zur Ausscheidung. Es erkennt Nährstoffe und schüttet die passenden Hormone und Enzyme aus, um diese verwerten zu können. Es befördert sie durch das Verdauungssystem, indem es den Darm zu Kontraktionen anregt und steuert abschließend die Ausscheidung. Das ENS spielt auch eine wichtige Rolle bei der Regulierung des Immunsystems. Das geschieht hauptsächlich durch seine Interaktion mit den Billionen von Mikroorganismen, die den Darm besiedeln, den Bakterien, Pilzen, Parasiten und Viren. Einige dieser Mikroben sind nützlich, andere können schädlich werden. In einem gesunden Darm befinden sie sich im Gleichgewicht. Wird dieses gestört, etwa durch Infektionen, die Ernährungsweise oder Antibiotika, können wir uns seelisch und körperlich krank fühlen.

Obwohl das ENS unbewusst funktioniert, steht es im ständigen Austausch mit dem Gehirn und beeinflusst häufig unser Empfinden. Schmetterlinge im Bauch und weiche Knie beim Anblick eines geliebten Menschen werden durch Signale vom Darm an das Gehirn ausgelöst und umgekehrt. So wird das flatternde Gefühl durch eine verminderte Blutversorgung des Magens verursacht, da die enterischen Nerven den Blutgefäßen signalisieren, mehr Sauerstoff in die Muskeln zu pumpen, um eine Bewegungshandlung vorzubereiten.

Das schiere Ausmaß neuronaler Kommunikation zwischen Darm und Gehirn ist noch nicht allzu lange bekannt, und es könnte erklären, warum Menschen mit Reizdarmsyndrom häufiger als andere an Depressionen und Angstzuständen erkranken. Es könnte auch erklären, warum Medikamente wie Antidepressiva häufig Linderung bei Menschen mit Verdauungsproblemen bewirken und warum „Gesprächskuren" wie die kognitive Verhaltenstherapie manchmal funktionelle Darmerkrankungen abschwächen können.

DARMGESUNDHEIT

Für unser körperliches und seelisches Wohlbefinden brauchen wir eine ausgewogene Darmflora. Einige Medikamente, insbesondere Antibiotika, können zu einem relativen Mangel nützlicher Bakterien führen. Probiotika mit hilfreichen Bakterien können helfen, ein gestörtes Gleichgewicht wiederherzustellen. Studien zufolge werden sie jedoch größtenteils im Magen zerstört. Die Implantation kleiner Mengen von Fäkalien gesunder Menschen ist eine wirksamere Methode. Sie erfolgt direkt über den Anus in den Darm.

Kann unser Körper ohne Gehirn weiterleben?

→ Lebenserhaltungssysteme können einen Menschen beatmen und Blut durch seinen Körper pumpen, aber ohne Gehirn wäre er bewusstlos. Diese Art von Leben wäre jedoch wenig lebenswert.

Ein Körper kann beachtliche Mengen an Gehirnsubstanz einbüßen und dennoch lebensfähig bleiben. Die grundlegenden vegetativen Überlebensfunktionen werden vom Hirnstamm aus gesteuert. Selbst wenn andere Gehirnregionen schwer geschädigt sind, bleiben Atmung, Kreislauf und die Wach/Schlafzyklen einer betroffenen Person intakt. Man spricht hier von einem apallischen Syndrom oder einem Wachkoma. Menschen in diesem Zustand sterben in der Regel innerhalb von sechs Monaten, doch manchmal können sie ohne medizinische Intervention jahrelang weiterleben.

Ein Wachkoma ist für die Angehörigen und Freunde von Patienten nur schwer ertragbar, weil der Eindruck entstehen kann, die betroffene Person sei noch wirklich am Leben. Einige der Aufmerksamkeitsmechanismen des Gehirns sind im Hirnstamm angesiedelt und können Reflexhandlungen auslösen, die auf ein Innenleben hindeuten. So können die Augen eines Patienten Angehörigen durch den Raum folgen oder sich lauten Geräuschquellen zuwenden.

Beim Wachkoma und dem ähnlichen Syndrom des minimalen Bewusstseins (SMB) kann der Körper einer Person ohne den Großteil ihres Gehirns weiterleben. Wenn aber der Hirnstamm schwer geschädigt ist, stirbt sie mit sehr großer Wahrscheinlichkeit. Derzeit wird in den meisten Ländern der Tod als das vollständige und irreversible Aussetzen der Hirnfunktionen definiert. Zur Diagnose wird auf elektrische Aktivität im Hirnstamm getestet. Es ist möglich, einen hirntoten Körper künstlich am Leben zu erhalten. Dies hat zu vielen tragischen Fällen geführt, in denen Angehörige von Patienten versucht haben, ein solches Leben gegen den Rat der Ärzte zu verlängern. Bei einigen Streitfällen mussten Gerichte darüber entscheiden, ob Lebenserhaltungssysteme abgeschaltet werden. Wenn es dazu kommt, kann der Körper noch etwa eine Stunde „leben", da das körpereigene elektrische System des Herzens es für kurze Zeit weiterschlagen lassen kann.

LEBENSERHALTUNG

Seit den 1980er-Jahren gilt in den meisten Ländern der vollständige Hirntod als das entscheidende Kriterium für den Tod. Allerdings ist die uralte Praxis, Herzschlag und Atmung zu überprüfen, immer noch die übliche Methode, um den Tod festzustellen. Lebenserhaltungssysteme haben viele Leben gerettet, aber sie haben auch die ethische Problemfrage aufgeworfen, wann es vertretbar ist, bei Menschen „den Stecker zu ziehen", deren Körper selbst nicht mehr lebensfähig sind. Einige wenige Patienten wurden noch jahrelang künstlich am Leben erhalten, nachdem man sie bereits offiziell für tot erklärt hatte.

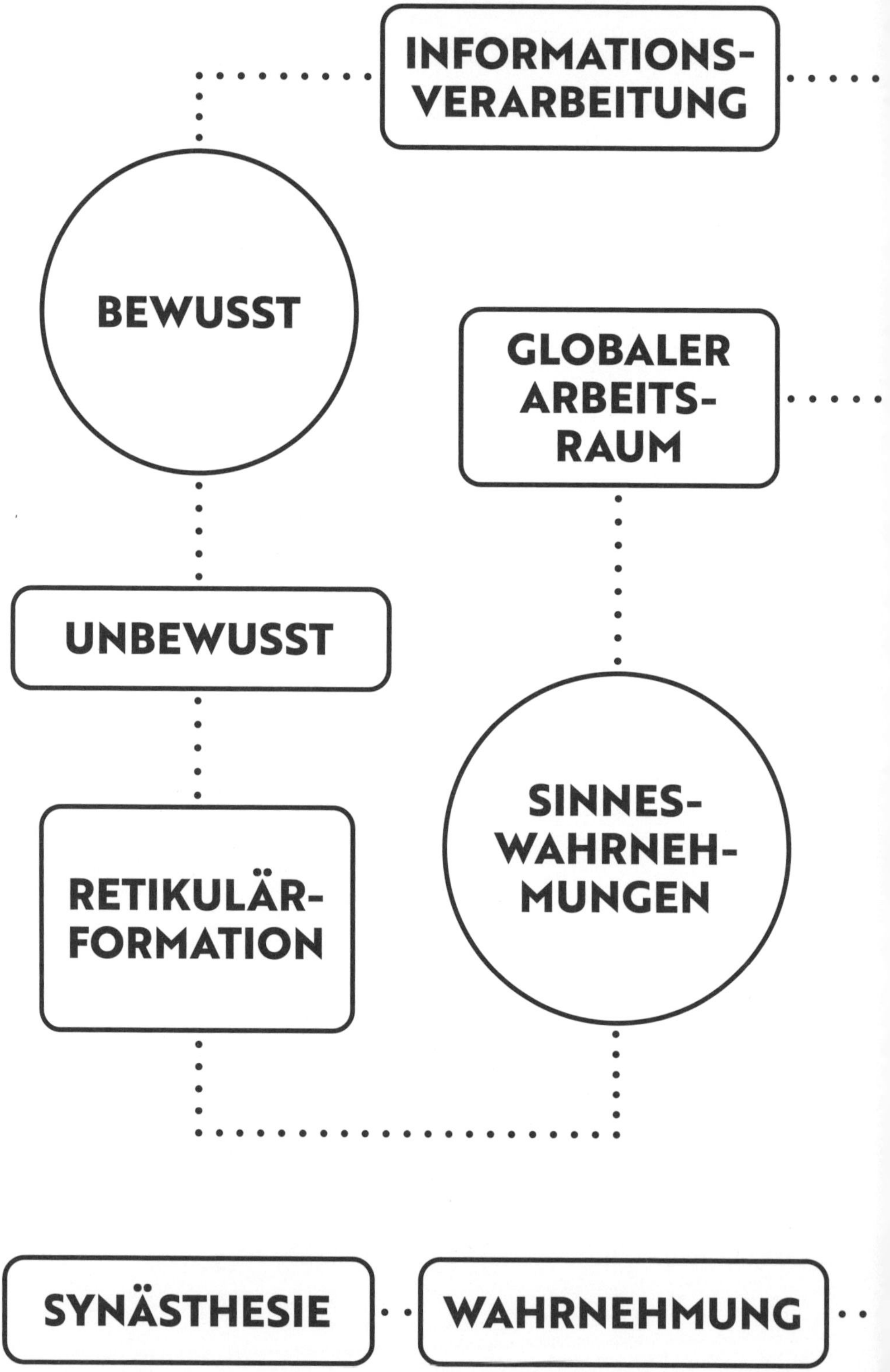
INFORMATIONS-VERARBEITUNG
BEWUSST
GLOBALER ARBEITS-RAUM
UNBEWUSST
SINNES-WAHRNEH-MUNGEN
RETIKULÄR-FORMATION
SYNÄSTHESIE
WAHRNEHMUNG

KAPITEL 3

DAS ARBEITENDE GEHIRN

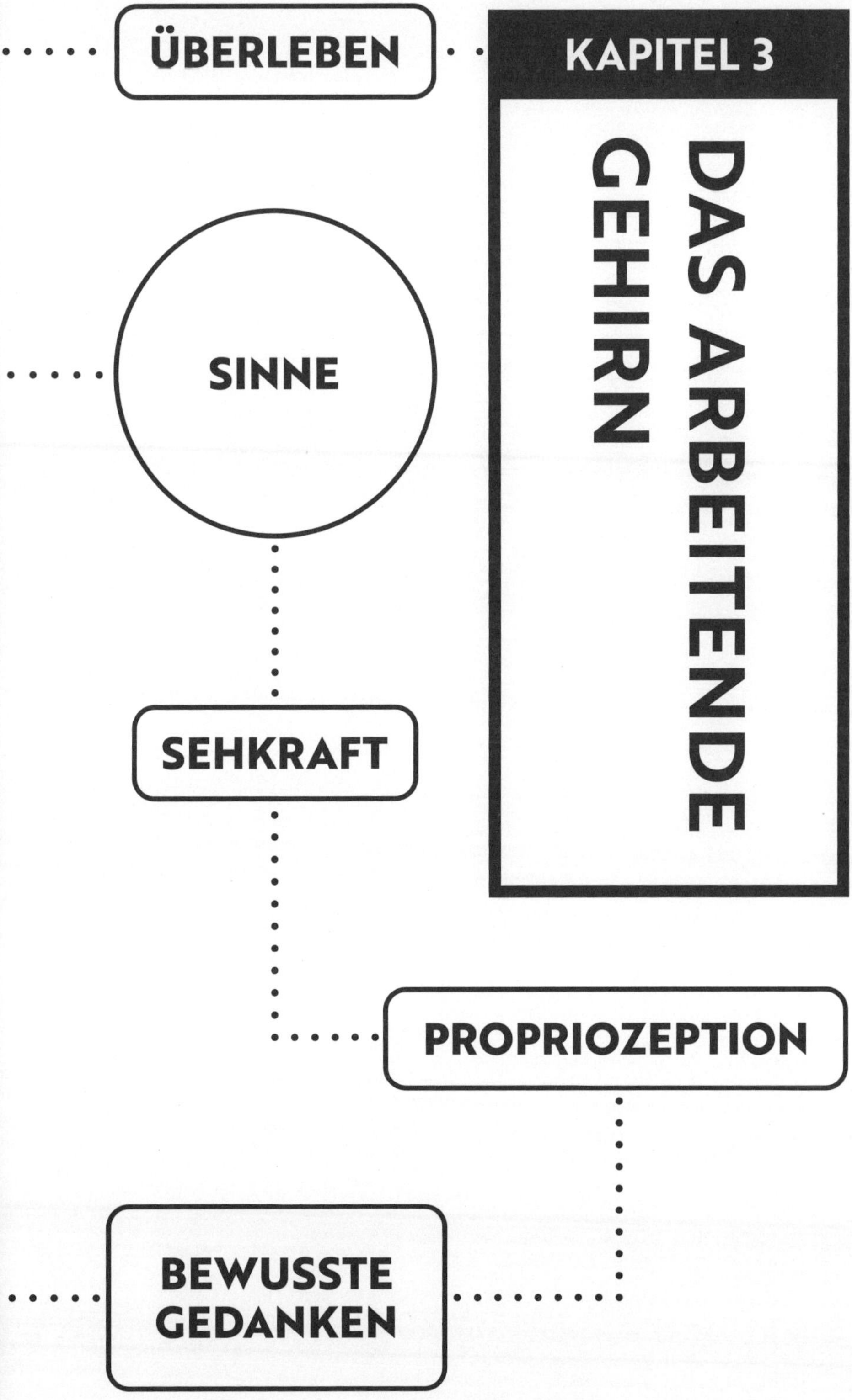

EINLEITUNG

Die Welt, die wir erleben, ist nicht die „reale" Welt. Unsere **SINNESWAHRNEHMUNGEN**, also Gerüche, Geräusche, Geschmackseindrücke und was wir sehen, werden nicht etwa von uns vorgefunden, sondern sind die Endprodukte einer hoch komplizierten Informationsverarbeitung im Gehirn, die schließlich unser Bewusstsein speist. Dieses Kapitel vermittelt einen Teil unseres Wissens darüber.

Die meisten Erfahrungen kommen zustande, indem wir über unsere Sinnesorgane, also Augen, Ohren, Nase, Zunge und Haut, physisch mit der materiellen Wirklichkeit des Universums in Verbindung treten. Diese kann nur mit den Mitteln der Mathematik umfassend beschrieben werden, und bis vor nicht allzu langer Zeit waren wir diesbezüglich noch völlig ahnungslos.

Die Existenz von Schallwellen wurde beispielsweise erst im 17. Jahrhundert allgemein anerkannt. Damals demonstrierte der anglo-irische Chemiker Robert Boyle, dass eine läutende Glocke in einem luftleeren Glasbehälter verstummt. Zuvor hatten viele Wissenschaftler geglaubt, dass Schall an seiner Quelle erzeugt und dann wie eine Gewehrkugel zum Ohr geschossen wird. Die Existenz von Molekülen, den Auslösern von geruchs- und geschmackserzeugenden Prozessen, wurde erst Anfang des 20. Jahrhunderts nachgewiesen. Warum und wie nur manche Moleküle vom Gehirn als Gerüche wahrgenommen werden, sorgt immer noch für Debatten. Lichtwellen wurden etwa zeitgleich entdeckt, aber die Idee von Photonen als winzige Bündel elektromagnetischer Strahlung, welche die Lichtrezeptoren im Auge aktivieren, wurde erst 1905 von Albert Einstein geboren.

Die Wechselwirkungen zwischen diesen physikalischen Kräften und unseren äußeren Sinnesorganen sind heutzutage gut erforscht, nicht zuletzt, weil Letztere relativ einfach untersucht werden können. In jüngerer Zeit haben wir neue Sinne entdeckt, zusätzlich zu den bekannten fünf. So werden die subtilen Wechselwirkungen zwischen der Schwerkraft und unserem Körper von einem „sechsten Sinn" registriert, der sogenannten **PROPRIOZEPTION**. In diesem Kapitel betrachten wir, wie Sinnesorgane auf Reize reagieren, indem sie elektrische Ströme erzeugen und an das Innere des Gehirns weiterleiten. Dort wird es deutlich schwieriger nachzuvollziehen, wie es weitergeht, doch bildgebende Verfahren erhellen zunehmend, was sich in der Blackbox des Gehirns abspielt. Einige dieser neuen Erkenntnisse werden wir hier vorstellen.

Um Gehirnprozesse zu verstehen, ist es hilfreich, sie zunächst in kleine Teile zu zerlegen. Deshalb konzentrierten sich die Neurowissenschaften bislang überwiegend auf die Lokalisierung von Funktionen in bestimmten Hirnbereichen, beginnend bei der riesigen Hirnrinde bis hin zu winzigen versteckten Kernen wie der Amygdala. Das Gehirn funktioniert jedoch ganzheitlich, genau wie der Rest des Körpers, und es funktioniert mit ihm. Dieses Kapitel skizziert einige der Schaltkreise, die das ermöglichen. Dabei geht es auch auf die winzigen Unterschiede in der Anatomie und der Funktion verschiedener Gehirne ein, durch die ein jedes eine etwas andere Welt erfindet.

ÜBERSICHT „DAS ARBEITENDE GEHIRN“

EXTERN

BEWUSSTSEIN
Geistesfunktion, durch die wir uns der äußeren Welt sowie uns selbst und unserer Erfahrungen wie Wahrnehmung, Denken und Gefühlen bewusst werden.

VENTRALER PFAD
Leitet optische Informationen vom visuellen Kortex durch den Temporallappen, wo sie erkannt werden.

SINNESWAHRNEHMUNGEN
Die Erfahrung von visuellen Eindrücken, Geräuschen usw., die normalerweise durch Reize aus der Außenwelt auf die Sinnesorgane hervorgerufen werden.

GLOBALER ARBEITSRAUM
Die Theorie, dass alle Elemente einer Erfahrung, die jeweils durch vernetzte Neuronengruppen erzeugt wurden, in einen zentralen Kern eingespeist werden, der sie zu einer bewussten und ganzheitlichen Erfahrung verknüpft.

AUDITIVER KORTEX (HÖRZENTRUM)
Teil des Temporallappens, der Signale aus den Ohren empfängt, interpretiert und in Geräusche umwandelt.

SCHEITELLAPPEN
Teil des Gehirns, der sich im oberen Hinterkopf befindet und sensorische, insbesondere räumliche Informationen aus unserer Umgebung verarbeitet.

ERFAHRUNG

INTERN

SINNE

Die Apparate, mit denen wir unsere Außen- und Innenwelt wahrnehmen, wie Geschmackssinn, Tastsinn, Geruchssinn, Sehvermögen und Gehör.

DORSALER PFAD
Verläuft vom visuellen Kortex nach oben, über das Gehirn und versorgt den motorischen Kortex mit visuellen und räumlichen Informationen, um Handlungen zu steuern.

SYNÄSTHESIE
Überschneidung zwischen zwei oder mehr Sinnen aufgrund verbundener Nervenbahnen, die unterschiedliche Empfindungen vermitteln, z. B. kann ein Ton als Geräusch und als Farbe wahrgenommen werden.

UNBEWUSSTES HANDELN

Gehirnaktivität, die unbewusst Verhalten steuern kann, z. B. automatisches Gehen, während man an etwas anderes denkt.

RETIKULÄRFORMATION
Neuronennetzwerk im Hirnstamm, das Wachsamkeit und den Schlaf-/Wach-Zyklus steuert.

PROPRIOZEPTION
Allgemein als der „sechste Sinn" bekannt; eine Gruppe von Sinneseindrücken, die uns spüren lassen, was mit unserem Körper geschieht, beispielsweise Bewegungen.

TEMPORALLAPPEN
Der mittlere Teil des Gehirns, der auditive Informationen verarbeitet, Sprache versteht, semantisches Gedächtnis (Wörter) speichert und das Erkennen visueller Objekte erlaubt.

HINTERHAUPT-/ OKZIPITALLAPPEN
Dieser Lappen befindet sich im hintersten Teil des Gehirns, empfängt Signale von den Augen und wandelt sie in visuelle Elemente wie Bewegung, Farbe und Form um.

V1
Teil des Hinterhauptlappens, der visuelle Signale registriert, bevor sie zur Weiterverarbeitung an andere Gehirnareale vermittelt werden.

Was macht das Gehirn eigentlich?

→ Die Hauptaufgabe unserer Gehirne ist es, unsere Körper am Leben zu erhalten. Bei den meisten Lebewesen nimmt diese Aufgabe nahezu die gesamte Hirnkapazität in Anspruch. Menschliche Gehirne haben sich zu höherer Komplexität entwickelt und können eine Vielzahl von Leistungen erbringen, die nicht direkt überlebensrelevant sind.

Die Hauptaufgabe des Gehirns besteht darin, Informationen aus der Umwelt zu empfangen und unsere Körper entsprechend an die Gegebenheiten anzupassen, etwa indem es den Muskeln Bewegungen befiehlt. Zwischen Informationsaufnahme und Befehlsausgabe verarbeitet das Gehirn mehrere Informationsströme parallel.
Informationen über die Außenwelt erhalten wir von den Sinnesorganen, während der innere Informationsfluss einem komplexen System peripherer Nerven und chemischer Botenstoffe entstammt. Normalerweise registrieren wir unser Innenleben nur dann, wenn es dringende Signale sendet. Dabei ist die Überwachung innerer Vorgänge die wichtigste Aufgabe des Gehirns. So schützt es uns durch das Schmerzempfinden vor körperlichen Verletzungen und versorgt unsere Zellen mit Nahrung und Flüssigkeit, indem es Hunger und Durst signalisiert. Des Weiteren ermöglicht es uns aufrecht zu stehen, beim Gehen das Gleichgewicht zu halten und uns koordiniert zu bewegen.
Während all dies geschieht, verarbeitet das Gehirn eine Flut von äußeren Informationen. Diese muss es zuerst darauf überprüfen, ob sie eine Bedrohung oder eine günstige Gelegenheit darstellen, etwa zur Nahrungsaufnahme oder für Sex. Wird eine Gefahr oder eine Chance erkannt, sendet das Gehirn Signale an den Körper, um diesen entsprechend vorzubereiten. Eine Gefahrensituation kann beispielsweise eine körperliche Reaktion wie Flucht oder Kampf auslösen.
Unser Gehirn begreift die Gegenwart der Welt, es kodiert diese in Erfahrungswerte und bildet dazu noch Erinnerungen. Wenn sich neue und alte Erfahrungen ähneln, gleicht es sie mithilfe der Erinnerung ab, um zu entscheiden, was zu tun ist. Eine regelmäßig eingeübte Erinnerung wird gelernt, entweder durch bewusste Wiederholung oder automatisch bei sehr intensiven Erfahrungen.
Das Gehirn erledigt all dies fortlaufend und meist unbemerkt. Bewusste Gefühle, Wahrnehmungen und Gedanken sind Extras, die dem menschlichen Gehirn nicht immer dabei helfen, seinen primären Zweck zu erfüllen, nämlich uns am Leben zu erhalten.

DAS UNBEWUSSTE

Unsere Wahrnehmung verläuft meist unbewusst, und wir bemerken nichts vom enormen und ständigen Prozess der Übersetzung elektrischer Informationsströme in eine Darstellung der Welt, die unser Überleben ermöglicht. Tatsächlich ist der Großteil unserer Handlungen unbewusst, wie etwa Hunderte von Bewegungen, die das Gehirn dem Körper vorgibt, um einen Schritt ausführen zu können, oder die feinen Berechnungen im auditorischen System, die Töne überhaupt hörbar machen.

Wie teilt uns das Gehirn mit, was draußen los ist?

Die Außenwelt ist voller Licht- und Schallwellen, Moleküle, die unsere Zungen und Nasen kitzeln und Objekte und Kräfte, die auf unsere Körper wirken. Das Gehirn transformiert diese physischen Phänomene in Bilder, Geräusche und Töne.

Die Welt, die wir erleben, ist eine virtuelle Realität und keine objektive Wirklichkeit. Das Gehirn konstruiert unsere Umgebung von Moment zu Moment. Der Prozess beginnt tief in seinem „Keller" und verlagert sich dann ins Rückenmark, das die Informationen vom Körper ins Gehirn leitet.

Mini-Organe im Hirnstamm regulieren unsere grundlegenden Überlebensmechanismen – Atmung, Herzschlag, Schlaf-/Wachzyklen und vor allem auch unsere Aufmerksamkeit. Ein Verband von Neuronen, die Retikulärformation, sendet kontinuierlich Signale an andere Teile des Gehirns, um unsere Sinne auf potenziell wichtige Dinge zu lenken wie eine plötzliche Bewegung oder ein lautes Geräusch.

Sobald sich unsere Aufmerksamkeit auf einen Aspekt unserer Umwelt gerichtet hat, nehmen unsere Sinnesorgane einschließlich der Nervenenden Informationen davon auf und verwandeln sie in elektrische Signale oder Impulse. Diese werden dann, mit Ausnahme der Geruchsinformationen, an den Thalamus weitergeleitet, die zentrale Steuerungseinheit im limbischen System. Der Thalamus verschaltet die Informationen an spezialisierte Bereiche der Großhirnrinde, wo sie weiterverarbeitet werden. Signale aus den Augen werden an den Hinterhauptlappen gesendet, Signale von den Ohren gehen ans seitlich gelegene Hörzentrum, und Signale vom Körper werden an den somatosensorischen Kortex weitergeleitet, einen Gewebestreifen, der sich wie ein Haarreif ums Gehirn legt. Informationen aus der Nase umgehen den Thalamus und gelangen auf direktem Weg ins limbische System. Einige Informationen aus unseren Sinnesorganen werden zu bewussten Empfindungen, aber die meisten werden unbewusst genutzt, um den Körper an seine Umgebung anzupassen. Temperaturinformationen etwa bewirken, dass sich die Kapillaren erweitern oder verengen, und Lichtsignale verändern die Größe unserer Pupillen.

Neuronen transportieren elektrische Signale mit Geschwindigkeiten von bis zu 200 Metern pro Sekunde, dennoch dauert es fast eine halbe Sekunde, bis das Gehirn die Rohinformationen aus unseren Sinnesorganen in bewusste Wahrnehmungen umgewandelt hat.

DIE SINNE

Unsere Sinnesorgane – Augen, Ohren, Nase, Zunge und die Nervenenden in unserem Körper – werden unablässig von physikalischen Kräften wie Licht- und Schallwellen beeinflusst. Sie beginnen die gewaltige Aufgabe, eine sinnliche Welt zu konstruieren, indem sie elektrische Signale erzeugen und an das Gehirn weiterleiten. Diese Signale werden zur Interpretation an spezialisierte Hirnbereiche verschaltet, die uns dann darüber informieren, was „draußen" in der Welt los ist.

Wie arbeiten verschiedene Hirnregionen zusammen?

→ Im Gehirn gibt es Hunderte verschiedener Module, die jeweils spezifische Aufgaben erfüllen, doch sie arbeiten nicht isoliert. Unsere Wahrnehmung ist wie eine Sinfonie, zu der jeder Teil des Orchesters einen Beitrag leistet.

Jeder Teil des Gehirns ist auf bestimmte Aufgaben spezialisiert. Der Hippocampus zum Beispiel speichert Erfahrungen und ruft Erinnerungen ab, und die Amygdala betätigt den Alarm, der unsere Emotionen auslöst.

Nur für sich kann jedoch keiner der Teile etwas bewirken. Jede auch noch so kurze Erfahrung wird von mehreren Gehirnbereichen konstruiert, und die einzelnen Elemente der Sinneswahrnehmungen, Emotionen und Gedanken werden dann zu einem sinnvollen Gesamtbild verknüpft, bevor sie ins Bewusstsein gelangen. So können wir die Welt verstehen, die uns sonst nur als Chaos unzusammenhängender Bruchstücke erscheinen würde. Wenn etwa in der Nähe ein rotes Auto eine Fehlzündung hätte, würden wir ein Patchwork aus Formen, Farben und Geräuschen wahrnehmen, aber keine Ahnung haben, was es bedeutet.

Als Grundvoraussetzung dafür, dass Erfahrungen verständlich verknüpft werden, müssen die Neuronen, die jeden Bestandteil davon erzeugen, synchron feuern.

Um also das Bild vom lauten, roten Auto zu konstruieren, feuern die „Farbneuronen" im gleichen Takt wie die Neuronen im formgebenden Bereich des Hinterhauptlappens, die Neuronen im Verortungsbereich (Scheitellappen) und die Neuronen im Hörzentrum (Temporallappen). Der Knall würde wahrscheinlich auch eine Aktivität in der Amygdala auslösen.

Synchronizität reicht jedoch nicht aus, um eine bewusste Erfahrung zu erzeugen. Aktuelle Forschungen deuten darauf hin, dass für die bewusste Wahrnehmung eines Ereignisses eine beträchtliche Anzahl verbundener Neuronen feuern muss, um jede einzelne Komponente zu erzeugen. Diese werden dann in Assoziationsbereichen zusammengeführt. Eine These besagt, dass dies in einem zentralen Zellverband geschieht, dem sogenannten „globalen Arbeitsraum". Wie in einer hierarchisch organisierten Belegschaft erstellen Gruppen von Untergeordneten verschiedene Berichte zu Teilaspekten eines Projekts und leiten diese synchron an ein kleines Team von Managern weiter, die sie dann zu einem Bericht zusammenfassen. Dieser wird dann quasi zur Beratung an den Rest des Gehirns weitergeleitet und erst, wenn alle ihren Beitrag geleistet haben, wird daraus eine Erfahrung.

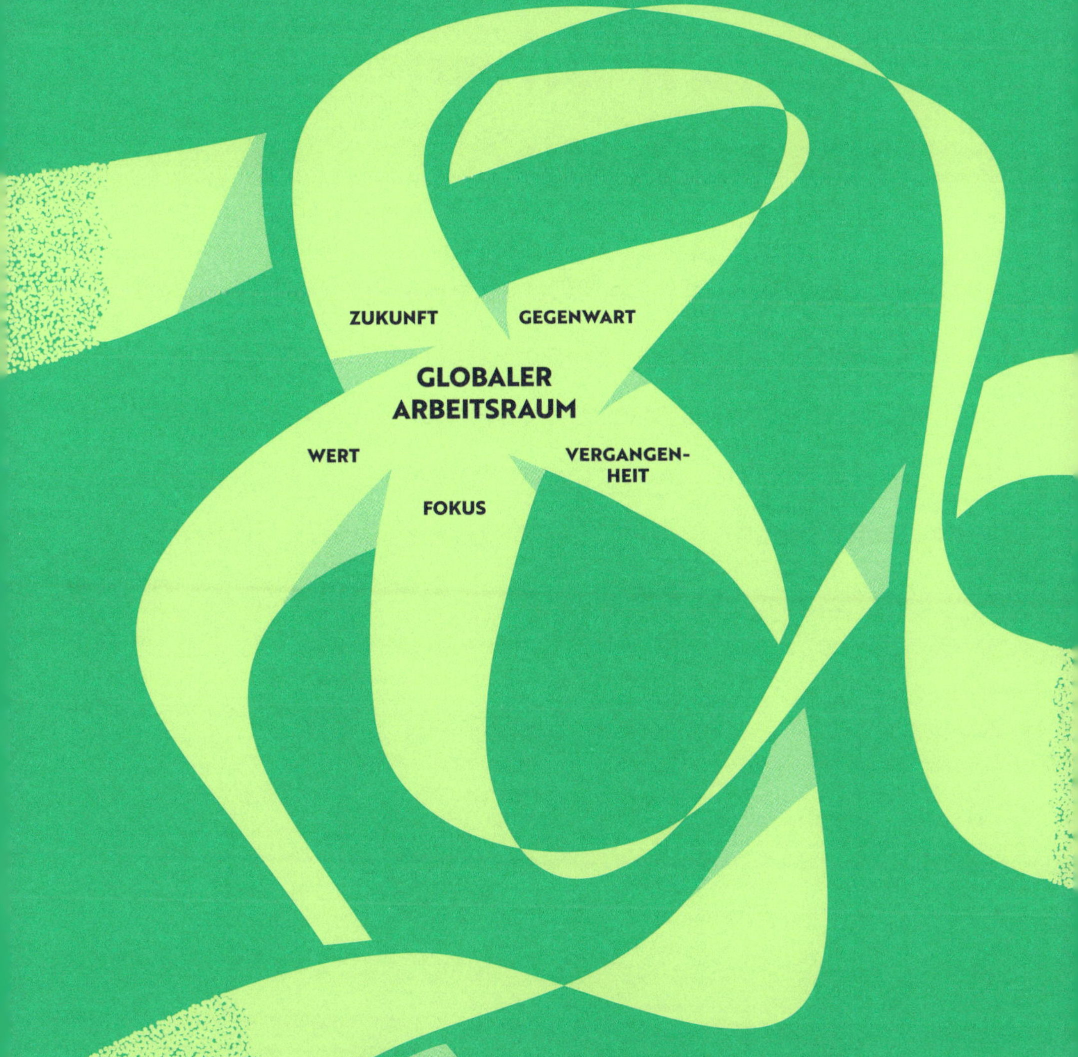

DER GLOBALE ARBEITSRAUM

Jedes Element einer Erfahrung wird durch vernetzte Neuronenverbände erzeugt, die synchron feuern. Diese Impulse werden dann in dichtere Kern-Netzwerke eingespeist. Einer Theorie zufolge gibt es einen zentralen Kern, den sogenannten globalen Arbeitsraum, der eine ganzheitliche Version der Erfahrung erzeugt, die alle Elemente verbindet. Andere Theorien gehen davon aus, dass aktive Neuronen ständig miteinander kommunizieren, sodass jede Erfahrung wie aus einem Chor von Stimmen ein kohärentes Ganzes ergibt.

Haben wir einen sechsten Sinn?

→ In Bezug auf die Wahrnehmung übernatürlicher Vorgänge wahrscheinlich nicht. Wenn man jedoch nach einem Sinn fragt, der die altbekannten fünf Sinnesmodalitäten (Sehen, Hören, Riechen, Schmecken und Tasten) ergänzt – dann ja!

Unter einem Sinn verstehen wir herkömmlicherweise die Wahrnehmung mittels unserer sichtbaren fünf Sinnesorgane. Das Licht wird über die Augen wahrgenommen, Schall über die Ohren, Geschmack über die Zunge, Geruch über die Nase und Körperempfindungen über die Haut. Heute wissen wir, dass wir deutlich mehr Sinne haben, nur arbeiten diese eher verborgen. Einige Psychologen haben mehr als 50 menschliche Sinne identifiziert, darunter auch Gefühle, die entstehen, nachdem Informationen zumindest teilweise im Gehirn verarbeitet wurden. Ein Beispiel hierfür ist der Sinn für die Jahreszeiten. Obwohl wir die jeweilige Jahreszeit nicht bewusst ermitteln, verknüpft das Gehirn verschiedene Sinnesströme, damit wir sie erspüren können. Im Sinne roher Informationsquellen, die das Gehirn direkt beeinflussen, kann man von etwa einem Dutzend Sinne ausgehen.

Die Propriozeption wird allgemein als „sechster Sinn" angesehen, obwohl es sich dabei genauer gesagt um eine Gruppe von Sinnen handelt. Gemeinsam sorgen sie dafür, dass wir ständig darüber im Bilde sind, was mit unserem Körper geschieht. Das geschieht meist unbewusst, doch wir bemerken sofort, wenn etwas schiefläuft, so wie uns auch das Summen des Kühlschranks erst dann auffällt, wenn es ausbleibt. Wenn die Signale für den Gleichgewichtssinn unterbrochen werden, fallen wir um, und wenn unsere Bewegungsempfindung (Kinästhesie) ausbleibt, merken wir nicht, dass wir uns bewegen.

In ähnlicher Weise informieren uns spezielle Rezeptoren in der Haut über äußere Vorgänge. Bei einfacher Berührung senden sie Signale, ebenso bei Temperaturänderungen (Thermorezeption), potenziell schädlichen Reizen (Nozizeption oder Schmerzempfinden), bei Druck, Reizung, Spannung und Dehnung. Sobald das Gehirn sensorische Informationen empfängt, kombiniert es diese mit anderen Informationen, um ein Lagebild zu erstellen. Alles, was wir erleben, hat seinen Ursprung in Sinneswahrnehmungen. Manchmal wird ein Sinnesreiz direkt wahrgenommen – wenn man beispielsweise vom Licht geblendet wird oder sich in den Finger sticht –, aber meistens integriert unser Gehirn Sinnesreize sofort mit unseren Gedanken, Erinnerungen und Emotionen, um uns eine vielschichtige Gesamterfahrung zu vermitteln.

PROPRIOZEPTION

Die Propriozeption wird manchmal als unser sechster Sinn bezeichnet. Sie wird nur selten bewusst wahrgenommen und arbeitet meist unablässig im Hintergrund. Von dort sichert sie das Funktionieren unseres Körpers, indem sie jede Minute Tausende winziger Anpassungen an Position, Haltung und Gleichgewicht vornimmt. Wir nehmen diesen Sinn normalerweise nur dann wahr, wenn er versagt. Bestimmte Medikamente und insbesondere Ketamin, ein weitverbreitetes Betäubungsmittel, das als Freizeitdroge genutzt wird, können das Feedback vom Körper zum Gehirn unterbrechen und zu einem erschreckenden Gefühl des Körperverlustes führen.

Wie deuten wir Signale, die im Gehirn eintreffen?

→ Das Gehirn verarbeitet Informationen, die es von außen erhält, um unsere Handlungen zu steuern. Doch dazu muss sich kein Sinn ergeben.

Die uns bekannte Welt besteht aus erkennbaren Objekten, Geräuschen und Körperempfindungen. Die meisten Informationen, die wir aufnehmen, registrieren und verwenden, werden jedoch wieder verworfen, bevor sie uns bewusst werden, und verebben als Strom roher elektrischer Signale.

Nehmen wir den Lichtreflex von einem Staubkorn, das sich auf unser Auge zubewegt. Das Licht tritt ins Auge ein und wird von Netzhautzellen in elektrische Signale umgewandelt, die über den Sehnerv blitzschnell ins tiefste Innere des Gehirns gelangen. Dort erreichen sie den Thalamus, der wie ein Verkehrspolizist die meisten von ihnen zum Sehzentrum im hintersten Bereich des Gehirns weiterleitet. Doch einige Signale werden auf Nebenbahnen zu Gehirnbereichen umgeleitet, die ein Blinzeln auslösen. Bevor wir überhaupt bemerken, was passiert, ist die Aufgabe erledigt und die Signale verblassen. Wäre das Licht nicht von einem Staubkorn, sondern von einem schnell fliegenden Ball reflektiert worden, hätte es viel stärkere Signale ausgelöst und Muskeln im ganzen Körper uns zurückzucken lassen. Dabei waren weder „Staub" noch ein „Ball" im Sinne erkannter Objekte beteiligt. Lidschlag oder Zurückzucken wurden rein automatisch durch rohe Lichtsignale ausgelöst und alles geschah, bevor uns bewusst wurde, dass überhaupt ein Objekt zugegen war.

Wenn die Signale so stark sind, wie bei der Lichtreflexion von einem Ball, gelangen die meisten von ihnen weiter zum visuellen Cortex (Sehrinde) im Hinterhauptlappen des Gehirns. Wenn sie den primären visuellen Cortex (V1) im hintersten Teil des Hirns erreichen, werden sie dort verstärkt und an eine Vielzahl anderer Gehirnbereiche weitergeleitet. Für uns gibt es immer noch keinen Ball, aber V1 beginnt nun, ein Bild davon zu konstruieren.

UNBEWUSSTES SEHEN

Das unbewusste Sehen nutzt wie das Blinzeln eine aus evolutionärer Sicht alte Nervenbahn, die Lichtsignale direkt an bestimmte Hirnbereiche weiterleitet, bevor sie zum visuellen Kortex gelangen, der Gesehenes bewusst macht. Einige Menschen, die aufgrund einer Hirnverletzung kein bewusstes Sehvermögen mehr besitzen, haben gelernt, auf diese Weise so gut zu „sehen", dass sie Formen erkennen und sogar einfache Wörter lesen können.

Wie verwandelt das Gehirn Empfindungen in Gedanken?

Die Meisten vom Gehirn registrierter Empfindungen werden verworfen, bevor aus ihnen bewusste Gedanken werden. Die die durchkommen, werden meist in Sprache gefasst.

Ein gelber Tennisball rast auf dich zu. Dein Körper zuckt bereits zusammen, da einige der elektrischen Signale, die diese Information transportieren, direkt an die Bereiche deines Gehirns gesendet wurden, die reflexartige Bewegungen auslösen. Dann erreichen die restlichen Signale V1, den hintersten Teil deines Gehirns, von wo aus sie an die anderen Hirnregionen weiterverschaltet werden.

Zwei Hauptbahnen transportieren die Nachricht: Der dorsale Pfad verläuft aufwärts über das Gehirn zur motorischen Hirnrinde, während der ventrale Pfad abwärts entlang der unteren Gehirnseite verläuft. Der dorsale Pfad endet in einer bewussten Bewegung – zum Beispiel dem Schlagen des Balls. Der untere Pfad erzeugt den Gedanken: „Gelber Ball kommt auf mich zu."

Bevor dieser Gedanke entstehen kann, durchlaufen die Signale auf dem ventralen Pfad den sogenannten Erkennungsbereich. Hier werden die kodierten Informationen bezüglich heranfliegender, gelber, runder Objekte mit ähnlichen Informationen abgeglichen, die infolge früherer Erfahrungen kodiert und abgespeichert wurden. Erinnerungen an fliegende Bälle und ihre Auswirkungen könnten darunter sein oder zumindest etwas, das ähnlich genug war, um eine Vorstellung von dem zu entwickeln, was gerade passiert. Zusammen mit der Erinnerung stellen sich Emotionen wie Angst oder Vorfreude ein sowie eine erhöhte Wachsamkeit.

Die nächste Hirnregion, die vom Ball stimuliert wird, ist für die Sprache zuständig. Hier resoniert die gelbe Rundung mit dem kodierten Wort „Tennisball" und vielleicht noch mit ein paar anderen. Damit sind alle Zutaten für einen bewussten Gedanken beisammen. Bevor dieser jedoch entsteht, hat das Gehirn noch einiges an Arbeit vor sich.

Die sensorischen Elemente einer Wahrnehmung sowie die damit verbundenen Emotionen, Erinnerungen und Wörter werden nun in den Stirnlappen des Gehirns zusammen mit Informationen aus dem dorsalen Pfad hinsichtlich Position, Bewegungsrichtung und Relevanz für den Körper verknüpft. Nun entsteht der Gedanke: „Gelber Tennisball nähert sich." Dieser Prozess hat nun fast eine halbe Sekunde gedauert.

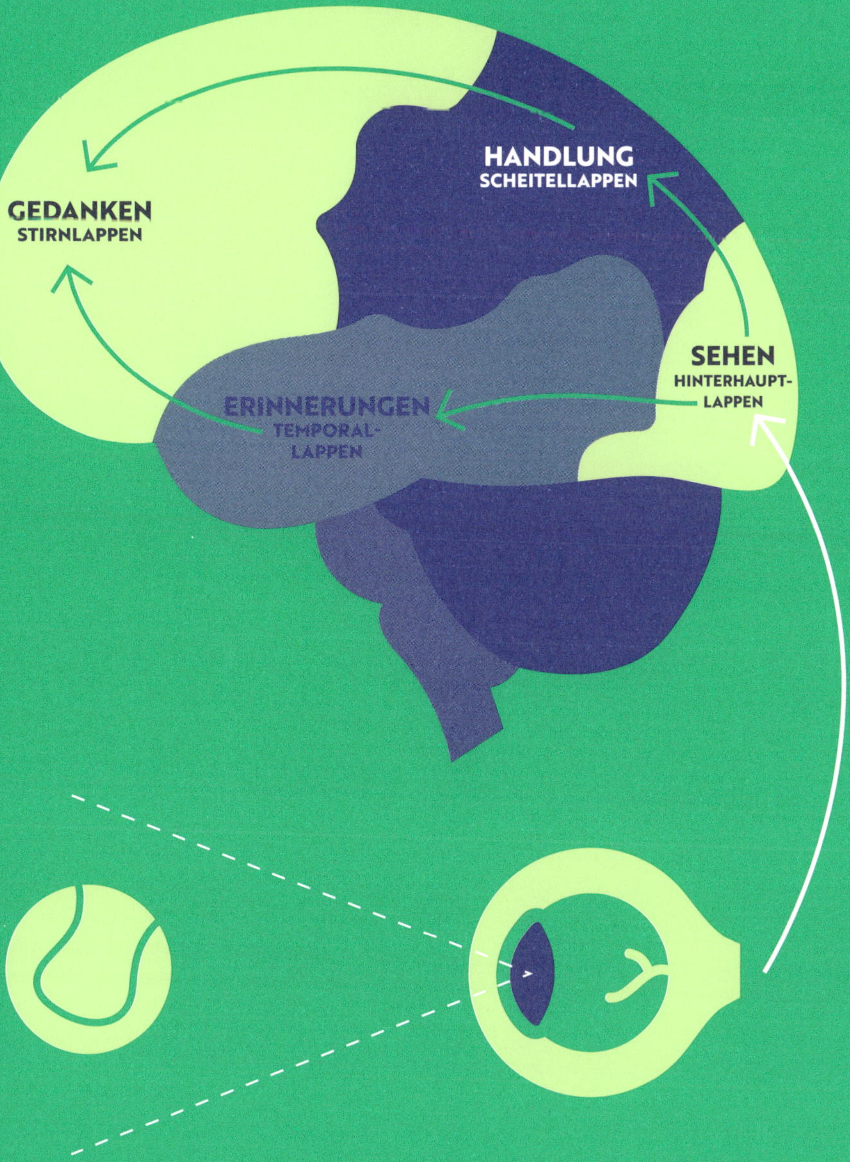

BEWUSSTE GEDANKEN

Im Licht enthaltene Informationen, wie beispielsweise ein schnell heranfliegender Tennisball, werden von den Augen aufgenommen und dann zum Hinterhauptlappen im hinteren Hirn geleitet, der sie in visuelle Elemente wie Bewegung, Farbe, Form und Position umwandelt. Wenn die Wahrnehmung aufgebaut ist, wird sie zunächst an Bereiche weitergeleitet, die für das Gedächtnis zuständig sind, um eine Erkennung einzuleiten, und daraufhin an die Stirnlappen, wo sie Gedanken auslösen. Im Fall des Tennisballs könnte der Gedanke sein „Schlag ihn!"

Sehen wir alle die gleiche Welt?

→ Keine zwei Gehirne sind identisch, und dasselbe gilt auch für die von ihnen wahrgenommenen Welten. Die meisten von uns erleben die Dinge ähnlich genug, dass wir uns gemeinsam in einer Umgebung zurechtfinden können. Dennoch ist es wahrscheinlich, dass jeder die Welt ein wenig anders wahrnimmt.

Vielleicht reagiert mein Gehirn sehr stark auf Farben, während deines sensibler für Bewegungen ist. Diese Unterschiede können genetisch veranlagt und bereits bei der Geburt vorhanden sein. Einige Genmutationen lassen bestimmte Lebensmittel bitter schmecken, während andere die Intensität der Schmerzempfindung beeinflussen. Geringfügige Unterschiede in der Wahrnehmung können zu ausgeprägt unterschiedlichen Vorlieben führen. Meine starke Reaktion auf Farben könnte eine Liebe zur Kunstmalerei begründen, während du vielleicht von Tanz begeistert bist.

Umgekehrt können höhere kognitive Funktionen wie der Kunstgeschmack die grundlegende Wahrnehmung beeinflussen, indem sie das Gehirn transformieren. Wenn man viel Ballett anschaut, werden Bereiche des Gehirns, die Bewegungen verarbeiten, stärker miteinander vernetzt, sodass entsprechende Feinheiten wahrgenommen werden, die einem weniger geschulten Auge entgehen. Ähnlich können Menschen, die mit bewegten Bildern arbeiten, oft erkennen, ob ein Film digital oder analog gedreht wurde, während der gelegentliche Zuschauer wahrscheinlich keinen Unterschied erkennt. Normalerweise werden uns individuelle Wahrnehmungsunterschiede erst bewusst, wenn eine Person die Welt auf eine besonders ungewöhnliche Weise erlebt. Manche Menschen „sehen" beispielsweise Töne oder „schmecken" Wörter. Dieser seltsame Zustand ist als Synästhesie bekannt und tritt auf, wenn sich Gehirnregionen wechselseitig stimulieren, die für verschiedene Sinne zuständig sind. Einer Theorie zufolge sind bei Menschen mit Synästhesie verschiedene Sinnesbereiche durch Nervenbahnen verbunden, die bei den meisten Menschen im Säuglingsalter „zurückgestutzt" werden.

Wir werden wohl nie mit absoluter Sicherheit wissen, wie sich unsere persönliche Wahrnehmung von der anderer Menschen unterscheidet. Zur Beschreibung sind wir meist auf Worte angewiesen, aber diese sind in der Regel zu klobig, um die komplexen Feinheiten einer Wahrnehmung genau zu erfassen. Ist mein „Rot" dein „Rot"? Wir werden es nie mit Sicherheit wissen.

SYNÄSTHESIE

Wenn sich bei einer Person verschiedene Sinnesmodalitäten überschneiden, liegt eine Synästhesie vor. Beispielsweise kann sie dann eine bestimmte Farbe sehen, wenn sie ein gewisses Wort hört, oder etwas Bestimmtes schmecken, wenn sie eine spezielle Oberfläche berührt. Jeder Fünfzigste ist davon betroffen, wobei manche Menschen synästhetisch veranlagt sind, ohne es zu wissen – ihre multimodale Welt ist nun einmal „so, wie die Dinge eben sind". Der Zustand tritt auf, wenn die Nervenbahnen, die zwei verschiedenen Empfindungen dienen, miteinander verbunden sind. Es könnte sich um Überbleibsel aus der Kindheit handeln, als das Gehirn noch dichter vernetzt war.

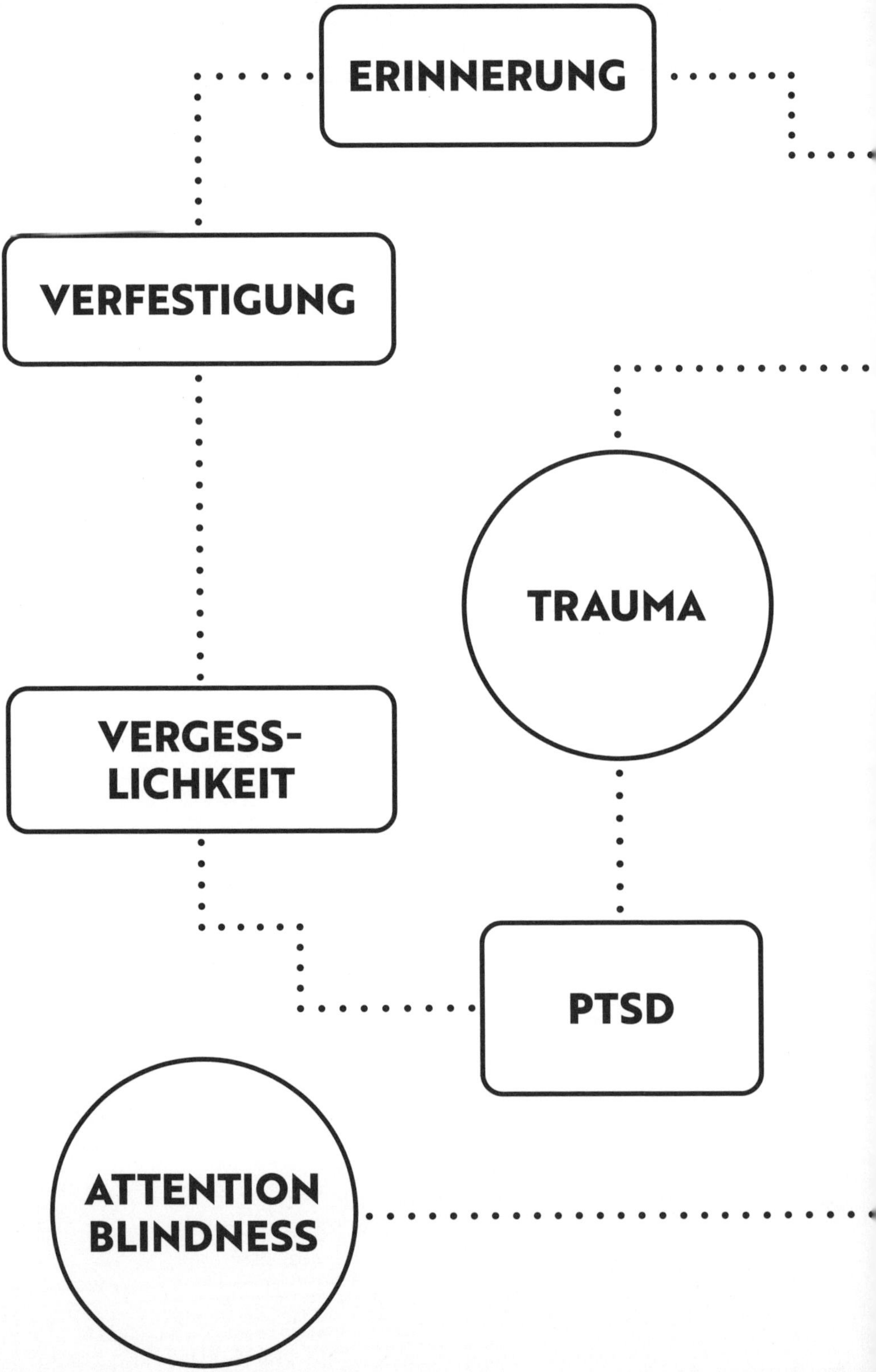
ERINNERUNG
VERFESTIGUNG
TRAUMA
VERGESS-
LICHKEIT
PTSD
ATTENTION
BLINDNESS

KAPITEL 4

GEDÄCHTNIS & LERNEN

GEDÄCHTNIS

ERINNERUNGSVERFÄLSCHUNG

CAPGRAS-SYNDROM

PROSOPAGNOSIE

FUSIFORMES GESICHTSAREAL

EINLEITUNG

Seit jeher verwenden Menschen Metaphern, um neue Entdeckungen fassbar zu machen: Indem wir das Fremdartige mit Altbekanntem vergleichen, können wir einen Umgang damit finden. Das **GEDÄCHTNIS** wurde mit fast allen Methoden der Informationsspeicherung verglichen, die wir je entwickelt haben, von Wachstafeln, Aktenschränken und Bibliotheken bis hin zu Quantencomputern. Einer der beständigsten Vergleiche ist der mit Videorekordern. Die Art und Weise, in der das Gerät Ereignisse aufzeichnen und abspielen kann, kommt uns bekannt vor. Subjektiv erscheint es, als würden auch wir Informationen und Erfahrungen „aufzeichnen", sie in unserem Gehirn wie auf Band speichern und wieder abspielen, wenn wir uns daran erinnern. Die meiste Zeit sind unsere Erinnerungen aus dem Bewusstsein verdrängt, wie eine Videokassette, die in den hintersten Winkel eines verstaubten Schranks geschoben wurde.

Mit Erinnerungen verhält es sich wie bei so vielen Dingen im menschlichen Gehirn. Unsere subjektive Wahrnehmung entspricht nicht den objektiven Tatsachen. Zum einen erinnern wir uns nur an sehr wenige Dinge und das, woran wir uns erinnern, vergessen wir meist fast sofort wieder. Manche Erfahrungen werden im Gehirn physisch und wie auf Band kodiert, aber sie werden nicht in ordentlich verschnürten Paketen gespeichert. Vielmehr sind sie über das Gehirn verteilt und werden darin sogar hin und her verschoben.

Der Hauptunterschied zwischen dem biologischem Gedächtnis und mechanischen Aufzeichnungen besteht in der Erinnerung. Wir erinnern uns so gut wie nie genau an ein Ereignis. Jedes Mal, wenn wir an etwas Vergangenes denken, wird es durch den Kontext gefärbt, in dem wir uns erinnern. Unsere Stimmung und Situation werden in die Erinnerung mit eingeschrieben und wenn sie wieder im Unterbewusstsein versinkt, bleiben diese Veränderungen darin gespeichert. Wenn wir uns dann beim nächsten Mal wieder daran **ERINNERN**, erleben wir wieder alles anders.

Die Plastizität des menschlichen Gedächtnisses ist kein Defekt, sondern eine hilfreiche Anpassung an eine sich ständig verändernde Welt. In diesem Kapitel schauen wir uns an, wie und warum das so funktioniert. Wir erklären, warum das Gehirn bestimmte Erinnerungen aus unserem Bewusstsein fernhält, bis ein Auslöser sie als **SPONTANE ERINNERUNG** hochspült. Außerdem wird beschrieben, wie das Gehirn Erinnerungen **VERFÄLSCHEN** oder sogar erfinden kann, ohne dass sich die betroffene Person dessen bewusst ist.

Die Komplexität des menschlichen Gedächtnisses und Lernens bedeutet, dass es zwangsläufig zu Störungen kommt, allen voran zu **VERGESSLICHKEIT**. Wir sehen hier, warum manche Menschen vergesslicher sind als andere, und wie bestimmte Arten von Vergesslichkeit, etwa eine Unfähigkeit, sich Gesichter zu merken, wie bei der **PROSOPAGNOSIE**, auch in sonst gesunden Gehirnen vorkommen.

ÜBERSICHT GEDÄCHTNIS & LERNEN

KODIERUNG

ERINNERUNG
Im Gehirn abgespeicherte Erfahrung, die später abgerufen oder wiedererlebt werden kann. Kurzfristige Erinnerungen werden als anhaltende elektrische Aktivität gespeichert, langfristige als physische Veränderung.

EPISODISCHES GEDÄCHTNIS
Persönliche Erfahrungen, die im Gehirn gespeichert werden und zu einem späteren Zeitpunkt ganz oder teilweise wiedererlebt werden.

ABRUF
Auslösen oder gezieltes Herbeiführen von Erinnerungen.

ARBEITSGEDÄCHTNIS
Sehr kurzfristig; hält Informationen verfügbar durch die Verlängerung eines Musters elektrischer Aktivität für genau so lange, wie es notwendig ist.

VERHALTENSGEDÄCHTNIS
Erlernte Bewegungsabläufe wie beispielsweise Fahrradfahren. Sobald diese beherrscht werden, werden sie meist dauerhaft in den Bewegungszentren des Gehirns gespeichert.

KONSOLIDIERUNG
Prozess, bei dem Informationen im Langzeitgedächtnis gespeichert werden, indem neue Informationen mit bereits gespeicherten Informationen im Kortex integriert werden. Kann bis zu drei Jahre in Anspruch nehmen.

SEMANTISCHES GEDÄCHTNIS
Langzeitgedächtnis für faktische Informationen; das, was von episodischen Erinnerungen übrig bleibt, die ihren sensorischen und emotionalen Inhalt verloren haben.

IMPLIZITES GEDÄCHTNIS
Langfristig, unbewusst und automatisch. Die Dinge, von denen wir nicht wissen, dass wir sie wissen, die aber unsere Gedanken und unser Verhalten beeinflussen können.

ABRUF

VERGESSLICHKEIT

Tritt auf, wenn Erinnerungen verblassen, verloren gehen oder bis zur Unkenntlichkeit verzerrt werden. Ursache ist der Abbau der neuronalen Verbindungen, die sie kodieren. Übermäßige Vergesslichkeit kann an einer Schädigung oder Erkrankung des Gehirns liegen.

POSTTRAUMATISCHE BELASTUNGSSTÖRUNG

Angststörung, die das spontane Wiedererleben eines traumatischen Ereignisses auslösen kann, das in der Amygdala gespeichert ist und sich normalerweise einem bewussten Zugriff entzieht.

UNAUFMERKSAMKEITSBLINDHEIT

Unfähigkeit, Ereignisse außerhalb des Aufmerksamkeitsfokus bewusst wahrzunehmen. Ein natürliches Phänomen, das stets mit konzentrierter Wahrnehmung einhergeht.

FUSIFORMES GESICHTSAREAL (FFA)

Ein Bereich der Großhirnrinde entlang des ventralen Verarbeitungswegs, in dem Objekte erkannt werden. Verstärkt Informationen aus Gesichtern, um möglichst viele Informationen und emotionale Inhalte zu gewinnen.

PROSOPAGNOSIE

Störung der Gesichtserkennung, meist aufgrund abnormaler Inaktivität des FFA auf dem ventralen Pfad. Gesichter werden u. U. nicht erkannt oder verzerrt wahrgenommen.

CAPGRAS-SYNDROM

Wahnvorstellung, bei der eine Person andere für Betrüger oder Außerirdische hält, obwohl sie anerkennt, dass diese genauso aussehen wie ihnen bekannte Personen.

SPONTANE ERINNERUNGEN

Verdrängte oder vergessene Erinnerungen, die durch einen ähnlichen Trigger oder bewusste Nachforschung, oft im Rahmen einer Therapie, wieder abgerufen werden können.

ERINNERUNGSVERFÄLSCHUNG

Wenn Erinnerungen rekonstruiert werden, können sie durch Fehlinformationen, späte Einsichten und Suggestion von der Realität abweichen. Alle Erinnerungen verändern sich im Laufe der Zeit, da sie mit neuen Informationen verknüpft werden.

IRRTUM

Was ist das Gedächtnis?

→ Erinnerungen sind fest im Gehirn kodierte Spuren von Erfahrungen. Der Prozess, in dem dies stattfindet, ist das Lernen. Anders als bei einem Aufnahmegerät können sich diese Spuren jedoch verändern, auflösen oder verschüttet werden.

Die meisten unserer Erfahrungen vergessen wir fast unmittelbar, nachdem sie vorüber sind. Einige werden jedoch als Erinnerungen im Gedächtnis abgespeichert, von wo aus sie abgerufen werden können. Es gibt viele verschiedene Gedächtnisarten für unterschiedliche Aufgaben, beispielsweise für die Telefonnummer, die wir gerade lange genug im Kopf behalten, dass wir sie wählen können, für die vage Erinnerung an einen Sturz in der Kindheit, für unsere Fähigkeit, Fahrrad zu fahren oder um die Wörter abzurufen, mit denen wir Dinge bestimmen. Sie bedienen sich jeweils verschiedener Mechanismen in verschiedenen Gehirnregionen. Dabei haben alle im Gedächtnis gespeicherten Informationen gemein, dass es sich um spezifische Muster neuronaler Aktivität handelt, die zum Abruf bereitstehen. Eine Erinnerung findet statt, wenn sich solch ein Muster neuronaler Aktivität abspielt. Man kann also etwas im Gedächtnis haben, ohne sich daran zu erinnern.

Nehmen wir eine Erinnerung an ein bestimmtes Ereignis. Die ursprüngliche Erfahrung hatte eine gleichzeitige Aktivität vieler Neuronen im gesamten Gehirn ausgelöst. Wenn Neuronen gemeinsam feuern, verändern sie sich auf molekularer Ebene dahingehend, dass sie mit einer höheren Wahrscheinlichkeit wieder gemeinsam feuern werden. Die Tendenz einer Gruppe von Neuronen, gemeinsam zu feuern, ist abgespeichertes Wissen. Wenn das Aktivitätsmuster länger nicht wiederholt wird, bilden sich die molekularen Veränderungen wieder zurück und das Erinnerungsvermögen, also die Tendenz der Neuronengruppe gemeinsam zu feuern, geht verloren. So funktioniert Vergessen.

Die meisten Ereignisse werden vergessen, aber wenn sich ein Aktivitätsmuster sehr häufig wiederholt oder sehr stark ist, wachsen die Axone beteiligter Neuronen aufeinander zu und verbinden sich physisch, was den Stromfluss zwischen Neuronen erleichtert. Wenn solche Nervenbahnen etabliert wurden, können Erinnerungen ein Leben lang erhalten bleiben.

Viele Neuronen, die am Erleben und Wiederholen von Ereignissen beteiligt sind, liegen in der Großhirnrinde, doch die Gedächtnisbildung und der Abruf von Erinnerungen hängen weitgehend vom Hippocampus im limbischen System ab. Bei der Gedächtnisbildung fungiert er wie ein Aufnahmegerät, das Aktivitätsmuster quasi wie eine Partitur notiert. Beim Erinnern verhält er sich wie ein Orchesterdirigent, der die Instrumentalisten beim Musizieren anleitet.

GEDÄCHTNISBILDUNG

Erfahrungen erzeugen präzise Aktivitätsmuster zwischen Millionen von Neuronen. Die meisten Muster bestehen nur für einen Moment im sensorischen (Ultrakurzzeit) Gedächtnis, bevor sie wieder vergessen werden. Informationen im Kurzzeitgedächtnis halten etwas länger, oft gerade lange genug, um auf die Erfahrung wie die Telefonnummerzu reagieren, die wir nur so lange im Kopf behalten, bis wir sie gewählt haben. Einige wenige Muster werden vom Hippocampus kodiert, ähnlich wie ein Zuhörer sich eine Musikpassage notiert, damit er sie später wieder spielen kann. Durch wiederholtes Abspielen wird dieser Code ins Langzeitgedächtnis in der Hirnrinde übertragen.

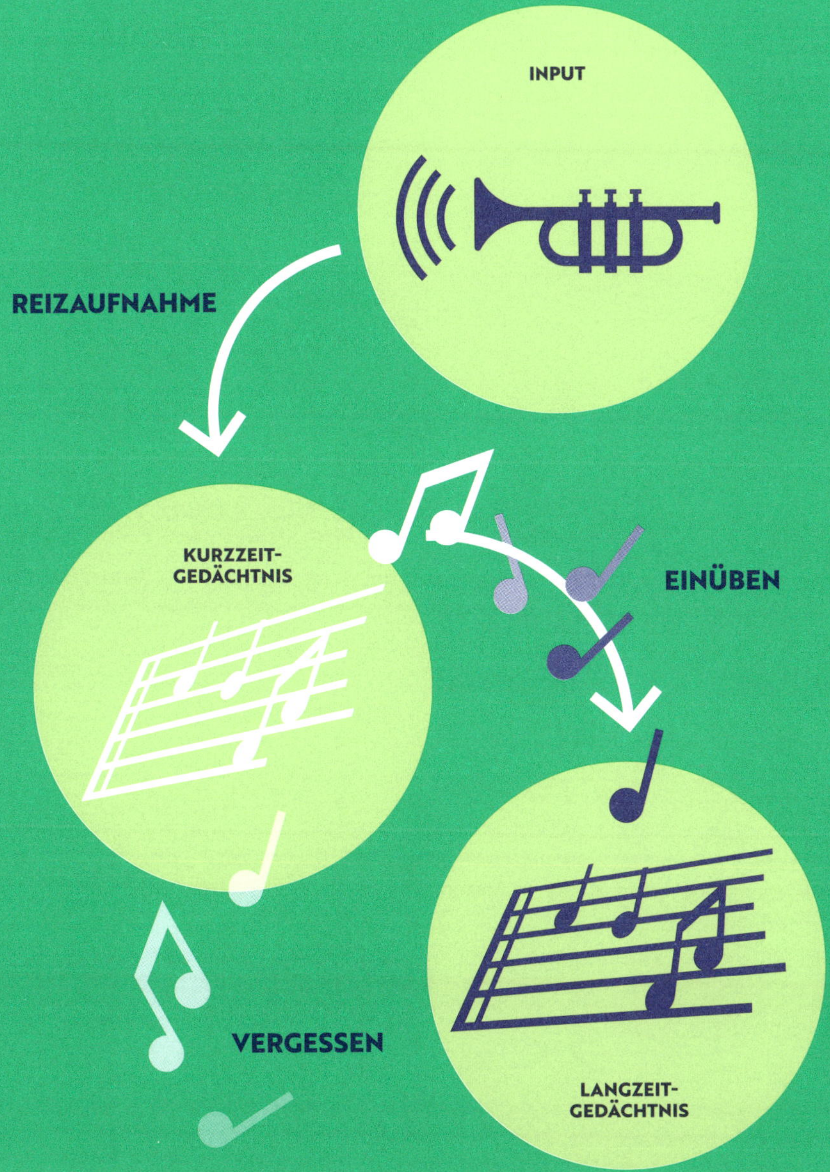

Gibt es verschiedene Arten von Gedächtnis?

→ Allerdings. Informationen im Arbeitsgedächtnis verblassen, sobald sie nicht mehr gebraucht werden. Im Verhaltensgedächtnis hingegen werden sie langfristig gespeichert. Dabei können alle Erinnerungen permanent, lang- oder kurzfristig abgespeichert werden.

Das Arbeitsgedächtnis funktioniert sehr kurzfristig. Es hält Inhalte nur so lange zum Abruf bereit, wie sie gebraucht werden. Die Anweisung „an der Kreuzung links abbiegen" würde umgehend durch die nächste Anweisung ersetzt werden: „Fahr einen Kilometer geradeaus".

Ein kleiner Teil der Erinnerungen aus dem Arbeitsgedächtnis wird längerfristig abgespeichert. Wenn man sich an der zweiten Kreuzung daran erinnert, zuvor schon einmal links abgebogen zu sein, ist die Erinnerung ins episodische Gedächtnis eingegangen. Das episodische Gedächtnis gibt persönliche Erfahrungen vergangener Ereignisse wieder. An der zweiten Kreuzung erinnern wir uns nicht nur daran, dass wir zuvor links abgebogen sind, sondern auch, wie es dort aussah, wie es sich angefühlt hat und was wir dabei gedacht haben.

Episodische Erinnerungen werden zunächst vom Hippocampus kodiert. Dieser stimuliert immer wieder die Nervenzellen der Großhirnrinde, wo Erfahrungen erzeugt werden. Er kann dies so lange tun, bis diese Zellen keine Stimulation mehr benötigen. Dieser Prozess der sogenannten Konsolidierung kann bis zu drei Jahre dauern. Ist er abgeschlossen, bleibt die Erinnerung quasi unbegrenzt erhalten.

Einige dieser Erinnerungen werden im semantischen Gedächtnis konsolidiert. Wer beispielsweise regelmäßig über die Kreuzung fährt, wird irgendwann „wissen", dass er oder sie links abbiegen muss, ohne sich an frühere Erfahrungen zu erinnern. Dieses reine Wissen liegt im semantischen Gedächtnis. Es ist ein Überrest episodischer Erinnerungen, die ihre sensorischen und emotionalen Inhalte verloren haben. Jedes Wort und jede uns bekannte Tatsache war während des Erlernens im episodischen Gedächtnis verankert, doch von den wenig emotionalen Lernerfahrungen bleibt meist nur reines Wissen übrig. Erinnerungen aus dem Arbeitsgedächtnis sowie aus dem episodischen und semantischen Gedächtnis besitzen oft einen „deklarativen", also beschreibenden oder benennenden Charakter.

Ein weiterer Gedächtnistyp ist das prozedurale Gedächtnis. Es kann nicht in Worten ausgedrückt werden, da prozedurale Erinnerungen erlernte Abfolgen von Körperbewegungen, wie Fahrradfahren oder Schlagzeugspielen sind. Sobald man sie einmal erlernt hat, werden sie in der Regel dauerhaft in den Hirnregionen gespeichert, die für Bewegung zuständig sind. Anstatt bewusst abgerufen zu werden, kehren Erinnerungen häufig wie von selbst zurück, wenn wir sie brauchen, und manchmal bahnen sie als unbewusste Reize unser Verhalten an. So wurde mehrfach von Personen mit scheinbar völliger Amnesie berichtet, die ihre eigene Telefonnummer wählten, diese aber nicht bewusst abrufen konnten.

GEDÄCHTNISARTEN

Das menschliche Gedächtnis lässt sich in verschiedene Arten unterteilen, obwohl die physiologischen Prozesse seiner Bildung und des Zugriffs darauf dieselben sind. Erinnerungen im Kurzzeitgedächtnis verblassen, bevor sie kodiert werden. Das Langzeitgedächtnis kann bewusst (explizit) oder unbewusst (implizit) angelegt sein. Das bewusste Langzeitgedächtnis (auch deklaratives oder Wissensgedächtnis) kann willentlich abgerufen werden. Erfahrungen aus dem impliziten Gedächtnis werden nicht verbal, sondern als Handlungen abgerufen. Einer Phobie etwa kann eine unbewusste Erinnerung zugrunde liegen, die Angst auslöst, sobald sie aktiviert wird.

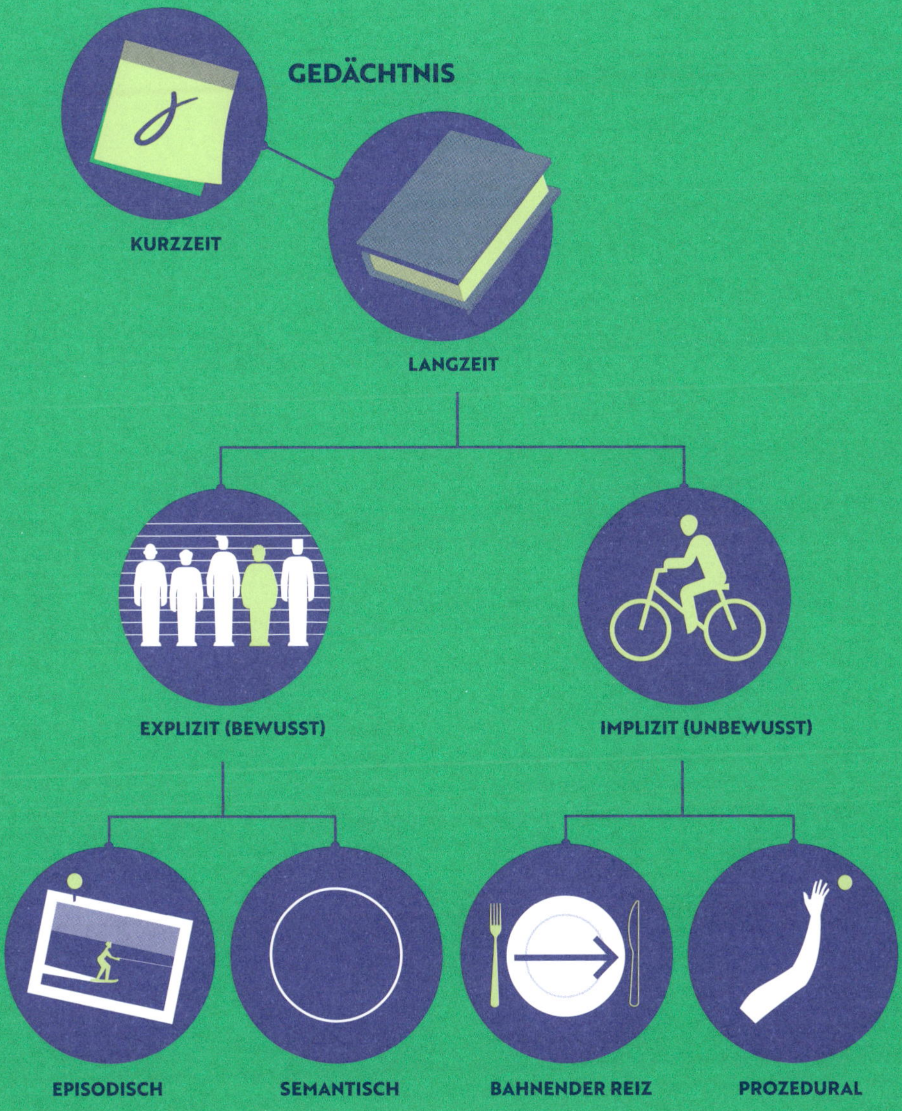

Warum sind manche Menschen vergesslich?

→ Es gibt verschiedene Arten von Vergesslichkeit mit unterschiedlichen Ausprägungen. Vielleicht wurde eine Erinnerung nie angelegt oder sie ist verblasst, wurde verschüttet oder bis zur Unkenntlichkeit verzerrt.

Vergesslichkeit lässt sich manchmal auf eine Hirnschädigung aufgrund eines Schlaganfalles, eines Traumas oder auf Demenz zurückführen. Dabei wurde entweder das Gewebe, in dem Erinnerungen gespeichert waren, oder die Nervenbahnen, über die sie abgerufen wurden, zerstört.

Vergesslichkeit ist jedoch nicht automatisch ein Alarmzeichen. Ein gewisses Maß ist normal und wahrscheinlich sogar notwendig, um Platz zu schaffen.

Damit wir uns etwas merken können, muss es zuerst kodiert werden, doch das geschieht nicht immer von selbst. Außergewöhnliches kann sich vor unseren Augen abspielen, doch wenn wir uns währenddessen auf etwas anderes konzentrieren, bemerken wir es möglicherweise nicht, geschweige denn, dass wir uns daran erinnern. Zu diesem Phänomen der sogenannten Unaufmerksamkeitsblindheit gibt es ein berühmtes Experiment, das 2004 von den Forschern Daniel Simons von der University of Illinois Urbana-Champaign und Christopher Chabris von der Harvard University inszeniert wurde. Bei einem Ballspiel wiesen sie das Publikum an, die Pässe zu zählen, die von einem der beiden Teams gespielt wurden. Während des Spiels lief eine Person im Gorillakostüm langsam vor den Spielern vorbei, schlug sich auf die Brust, verbeugte sich vor der Kamera und ging wieder weg.

Die meisten Menschen, die das Experiment zum ersten Mal sahen, bemerkten den Gorilla überhaupt nicht.

Unaufmerksamkeitsblindheit betrifft uns alle ständig. Wir sehen nur, worauf wir unsere Aufmerksamkeit richten, und auch unsere Erinnerungen sind zwangsläufig selektiv. Was wir wahrnehmen, wird vom Hippocampus im limbischen System des Gehirns registriert und kodiert. Er bildet Erinnerungen, indem er die neuronalen Aktivitätsmuster verstärkt und verlängert, die entstehen, wenn wir etwas aufmerksam beobachten oder bewusst wiederholen, um es zu lernen. Während der ersten Wochen oder Monate, in denen Erinnerungen im Hippocampus gespeichert werden, können sie leicht in Vergessenheit geraten. Allmählich werden die episodischen und semantischen Erinnerungen jedoch vom Hippocampus in den Kortex übertragen, den Sitz des Langzeitgedächtnisses. Wenn dieser keinen Schaden erleidet, werden sie dort dauerhaft gespeichert.

DER FALL „H. M."

Ohne den Hippocampus können keine neuen Erinnerungen gebildet werden. Bevor man dies wusste, entnahm man einer kleinen Anzahl von Patienten mit schwerer Epilepsie diesen Teil ihres Gehirns, um ihre Anfälle zu kontrollieren. Der bekannteste von ihnen ist Henry Gustav Molaison, bekannt als „H. M.". Ihm wurde 1953 als jungem Mann der Hippocampus entfernt. Danach erinnerte er sich noch an Kindheitserlebnisse, aber er konnte keine neuen Erinnerungen mehr bilden. Molaison starb 2008, bis zuletzt im Glauben, er sei noch in seinen Zwanzigern.

Warum kann ich mir keine Gesichter merken?

→ Für die Gesichtserkennung ist ein bestimmter Teil des Gehirns zuständig. Wenn man sich partout keine Gesichter merken kann, könnte es sein, dass dieser Teil nicht richtig funktioniert.

Unser Gehirn findet menschliche Gesichter dermaßen interessant, dass es eine eigene Hirnregion für ihre Inspektion bereitstellt. Sobald ein Gesicht in unser Blickfeld gerät, wird es genauestens vom sogenannten fusiformen Gesichtsareal (FFA) untersucht. Dieser Bereich der Großhirnrinde liegt entlang des ventralen Verarbeitungspfades, der visuelle Informationen vom Hinterhauptlappen in Richtung Stirnlappen transportiert. Das FFA entnimmt mehr Informationen aus Gesichtern als aus anderen Objekten. Dazu extrahiert es emotionale Inhalte, sodass Gesichter stärker als andere Objekte mit Werten aufgeladen werden. Sie verursachen Angst, wenn sie finster dreinblicken, wirken anziehend, wenn sie lächeln, und vertraut, wenn sie bekannt sind. Normalerweise wird ein bekanntes Gesicht anschließend durch die Sprachzentren geschleust, wo es mit einem Namen oder einer Rolle wie Freund, Vater oder Postbote versehen wird.

Prosopagnosie ist die Unfähigkeit, Gesichter zu erkennen. Sie tritt bei einer Funktionsschwäche entlang des ventralen Pfades auf. Ein Problem im frühen Verarbeitungsstadium, noch bevor die Informationen das FFA erreichen, kann dazu führen, dass Gesichter seltsam oder verzerrt aussehen. Die betroffene Person weiß möglicherweise nur, dass sie ein Gesicht sieht, indem sie bewusst das rundliche Objekt mit bestimmten Mustern oder Merkmalen abgleicht. Weiter entlang der Erkennungskanäle kann ein Problem bei späteren Verarbeitungsschritten bewirken, dass eine betroffene Person zwar erkennt, ob es sich um ein Frauen- oder Männergesicht handelt, das Alter einschätzt und sogar ein „Bauchgefühl" hat, was sie für die andere Person empfindet, aber trotzdem nicht weiß, wen sie anschaut. Menschen mit schwerer Prosopagnosie können nicht einmal ihre engsten Angehörigen erkennen, geschweige denn Freunde und Bekannte.

Das Capgras-Syndrom ist eine besonders seltsame Form der Gesichtserkennungsstörung, bei der die Person ein bekanntes Gesicht erkennt, aber dieses nicht mit einem Vertrautheitsgefühl verbunden wird. Die Menschen, die sie kennen, wirken fremd und fast so, als wären sie „nicht da". In einem tragischen Fall ermordete ein Betroffener seinen Vater, weil er überzeugt war, dass dieser ein Replikant sei.

PROSOPAGNOSIE

Menschen mit schwerer Prosopagnosie können schnurstracks an Ihren Nächsten und Liebsten vorbeispazieren, ohne es zu bemerken, denn sie können keine Gesichter erkennen. Menschen mit dieser Erkrankung entwickeln oft komplexe Strategien zur Vermeidung der sozialen Probleme, die aus ihrer Erkrankung erwachsen. Beispielsweise merken sie sich die Kleidung oder ein bestimmtes Körpermerkmal, um bekannte Personen unterscheiden zu können. Ein betroffener Mann bestand darauf, dass seine Frau stets ein gelbes Haarband trug, bevor sie zu gesellschaftlichen Anlässen gingen, nachdem er einmal die falsche Frau von einer Party mit nach Hause genommen hatte.

Speichern wir all unser Wissen für immer?

→ Nein. Die meisten Dinge vergessen wir. Wir speichern nur die Informationen permanent, die den langsamen Prozess der Konsolidierung durchlaufen haben. Und das kann bis zu drei Jahre dauern.

Das Gehirn kann ungeheure Informationsmengen speichern. Im Langzeitgedächtnis liegen unsere Erfahrungen wie Gespinste zum Abruf in Strängen aus Nervenfasern, die zahllose Nervenzellen zu komplexen Mustern verbinden, bereit. Wir alle haben etwa 89 Milliarden Neuronen, von denen jedes einzelne mit bis zu tausend anderen verbunden sein kann. Das Potenzial der Erinnerungsbildung ist enorm. Eine Studie der Stanford University hat berechnet, dass das durchschnittliche menschliche Gehirn über eine Speicherkapazität von 2,5 Millionen Gigabyte verfügt.

Der Vergleich mit Computern ist begrenzt nützlich, weil das menschliche Gedächtnis selektiv arbeitet und wandelbar ist. Die meisten Informationen, die ins Gehirn gelangen, werden ignoriert oder schnell verworfen und nur die emotional stärksten Eindrücke bleiben. Außerdem erleben zwei Menschen dasselbe Ereignis nie gleich und jeder speichert seine eigene Version. Auf Computer bezogen wäre das so, als würde man ein Textdokument öffnen und feststellen, dass ein Teil davon seit dem Schreiben verloren gegangen ist, und andere Teile keinerlei Ähnlichkeit mehr mit dem haben, was ursprünglich eingegeben wurde. Selbst konsolidierte Erinnerungen, die im Laufe der Zeit vom Hippocampus in den Kortex übertragen wurden, können sich noch verändern. Jedes Mal, wenn sie abgerufen und wiederhergestellt werden, können die Muster feuernder Neuronen überschrieben oder ergänzt werden. Bei ihrer unbewussten Neukonsolidierung wird dann eine leicht abgeänderte Version gespeichert.

Einige Erinnerungen werden in unbewussten Teilen des Gehirns gespeichert. Dadurch sind sie weniger anfällig für Veränderungen. Prozedurale Erinnerungen (erlernte Bewegungsmuster) werden beispielsweise in Bereichen gespeichert, die automatische Bewegungen steuern. Wenn Neuronen in diesem Bereich aktiviert werden, bilden sie nicht ohne Weiteres neue Verbindungen zu den Neuronen der Großhirnrinde, die bewusste Gedanken der Gegenwart erzeugen. Wer also Fahrrad fährt, müsste schon sehr intensiv an die kurz zuvor gekraulten Bahnen denken, um die Beine vom Pedalieren zum Strampeln zu bringen – zum Glück.

VERZERRTES GEDÄCHTNIS

1974 zeigten Elizabeth Loftus und John Palmer von der University of California in Irvine den Teilnehmern eines Versuchs einen Film vom Zusammenstoß zweier Autos. Anschließend sollten die Probanden beschreiben, was sie gesehen hatten. Eine Gruppe wurde gefragt: „Wie schnell waren die Autos beim Aufprall (crash)"? Die andere Gruppe wurde nach der Geschwindigkeit der Autos zum Zeitpunkt des Zusammenstoßes (collision) gefragt. Die „Aufprall-Gruppe" schätzte die Geschwindigkeiten deutlich höher ein, als die „Zusammenstoß-Gruppe". Die Studie zeigt, wie Erinnerungen allein durch die Wortwahl verzerrt werden können, mit der man sie abgefragt.

Sind spontan wiedergewonnene Erinnerungen echt?

→ Manchmal schon. Wir vergessen regelmäßig Dinge. Selbst hoch traumatische Vorkommnisse können vergessen werden, bis sie ein Auslöser wieder ins Bewusstsein spült.

Wenn uns jemand fragt, ob wir schwimmen können, wissen wir die Antwort, und wenn wir die Hauptstadt von Peru kennen, werden wir diese Information entweder abrufen können oder zumindest das Gefühl haben, dass sie uns „auf der Zunge liegt", ein untrüglicher Hinweis, dass sie irgendwo im Gedächtnis abgespeichert ist.

Viele Erinnerungen sind jedoch nicht bewusst abrufbar. Meistens beziehen sie sich auf Dinge, die wenig Bezug zu unserem aktuellen Umfeld haben. Wenn die Erinnerung an einen Kindheitsurlaub radikal verschieden von unserem momentanen Erleben ist, wird sie wahrscheinlich nicht ausgelöst werden. Vielleicht stellt sie sich nur ein, wenn wir an den gleichen Ort zurückkehren oder jemanden von dort wiedersehen. „Na klar", sagen wir dann, „jetzt erinnere ich mich!"

„Wiedergewonnen" bezieht sich jedoch meist auf das plötzliche Aufflammen einer schlimmen Kindheitserinnerung während der Gesprächstherapie. Die Genauigkeit solcher Vorstellungen ist umstritten, denn Erinnerungen können grundsätzlich stark verzerrt sein und sich trotzdem real anfühlen. Dennoch spiegeln manche wiedergewonnenen Erinnerungen vergangene Ereignisse genau wider. Als verschüttete Erinnerungen können sie das Verhalten einer Person auch aus dem Unterbewusstsein heraus beeinflussen.

Wenn eine Person extreme Angst erfährt, wird der winzige Mandelkern im limbischen System, der auf Gefahrenwahrnehmungen reagiert, stark für dieses und für vergleichbare Ereignisse sensibilisiert sowie für ihre möglichen Anzeichen. Wenn ein Kind solch eine Erfahrung macht, bevor es sprechen kann, ist seine Erinnerung daran nicht mit Worten verbunden, und da bewusstes Denken meist in Worte gekleidet ist, werden verbale Denkprozesse die Erfahrung nicht zurückholen können. Jemand, der als Kind Angst vor einem Hund hatte, behält diese Angst möglicherweise ein Leben lang, ohne zu wissen, warum. Ein nonverbaler Auslöser wie ein Bild oder ein Geruch könnte jedoch das zugrunde liegende Erlebnis freilegen.

POSTTRAUMATISCHE BELASTUNGSSTÖRUNG (PTBS)

Tief im Gehirn begrabene Erinnerungen können oft nur durch einen Auslöser wieder freigelegt werden, zumal traumatische Ereignisse auch im angsterzeugenden Mandelkern gespeichert werden, und dieser Gehirnteil arbeitet unbewusst. PTBS-Patienten leiden oft unter Erinnerungen, die extreme Angstgefühle mit Sinneseindrücken wie dem Geruch von Verbranntem oder einer bestimmten Art von Berührung verknüpfen. Eine Therapie kann Patienten helfen, traumatische Ereignisse vollständig in Erinnerung zu rufen, um sie dann bewusst umzudeuten. Dadurch kann ihre Stresswirkung verringert werden.

Warum baut das Gedächtnis im Alter ab?

→ Die meisten Menschen entwickeln im Alter eine sogenannte Altersvergesslichkeit – auch Gesunde. Daraus kann eine Demenz entstehen, bei der Hirngewebe abstirbt. Eine solche Entwicklung ist jedoch nicht zwangsläufig der Fall.

Es gibt viele Gründe dafür, warum das Gedächtnis im Alter nachlässt. Eine sich insgesamt verschlechternde Gesundheit ist einer davon. Wie in allen Körperorganen laufen Reparatur- und Wartungsprozesse auch im Gehirn weniger effizient ab. Im Alter neigen Blutgefäße dazu, sich zu verengen und zu verhärten, sodass auch unser Gehirn, das Organ mit dem höchsten Energiebedarf, schlechter mit Sauerstoff und Nährstoffen versorgt wird. Außerdem besteht ein erhöhtes Risiko für Schlaganfälle und Mini-Schlaganfälle, die zum Zeitpunkt ihres Auftretens kaum bemerkt werden, aber langsam das Hirngewebe zerstören.

Ältere Gehirne neigen auch zu Proteinablagerungen oder Plaques, die die Sauerstoffversorgung der Nervenzellen unterbrechen und zu deren Absterben führen. Bei der Alzheimer-Demenz treten große Mengen solcher Plaques auf, aber die meisten Menschen haben bereits eine gewisse Menge davon, wenn sie 60 Jahre alt sind.

Die Gedächtnisbildung hängt auch stark von Sinneseindrücken ab. Die stärksten Erinnerungen werden über mehrere Sinne wie Geruch, Geschmack, Hören und Sehen sowie Gedanken und Emotionen gebildet. Wenn sich im Alter die Sinnesorgane verschlechtern, werden damit auch die erinnerungsbildenden Sinneseindrücke schwächer.

Hinzu kommt, dass ältere Menschen meist weniger sozial, intellektuell und körperlich aktiv sind. Anregendes und Neues hilft dem Gehirn, Erfahrungen abzuspeichern, und ältere Menschen sind emotional oft weniger erregbar und damit auch weniger aufgeschlossen für neue Erfahrungen. Doch selbst wenn das Abrufen bestimmter Fakten oder Ereignisse langsamer und ungenauer werden kann, gibt es einen Lichtblick für ältere Menschen. Dank eines gut gefüllten Wissensspeichers und ihrer größeren Lebenserfahrung können sie in der Regel „weisere" Entscheidungen treffen.

Der Weg zu einem guten Altersgedächtnis besteht darin, allgemein gesund zu bleiben, sich neue und interessante Aufgaben zu suchen und Erinnerungen zu festigen, indem man bewusst auf bemerkenswerte Dinge achtet und sich an sie erinnert.

DAS GEDÄCHTNIS FIT HALTEN

Das Betrachten alter Fotos, der Besuch von früher vertrauten Orten und das Wiedersehen mit alten Bekannten können im Alter gezielt Kindheitserinnerungen auslösen und auffrischen. Eine Langzeitstudie mit fast 30 000 älteren Teilnehmern, über die 2023 im British Medical Journal berichtet wurde, ermittelte sechs Faktoren für ein gutes Gedächtnis im Alter: gesunde Ernährung, regelmäßige körperliche Aktivität (täglich 30 Minuten spazieren gehen), soziale Aktivitäten (mindestens zwei Kontakte pro Woche), geistige Anregung (Kartenspiele, Kreuzworträtsel mindestens zweimal pro Woche) sowie Verzicht auf Tabak und Alkohol.

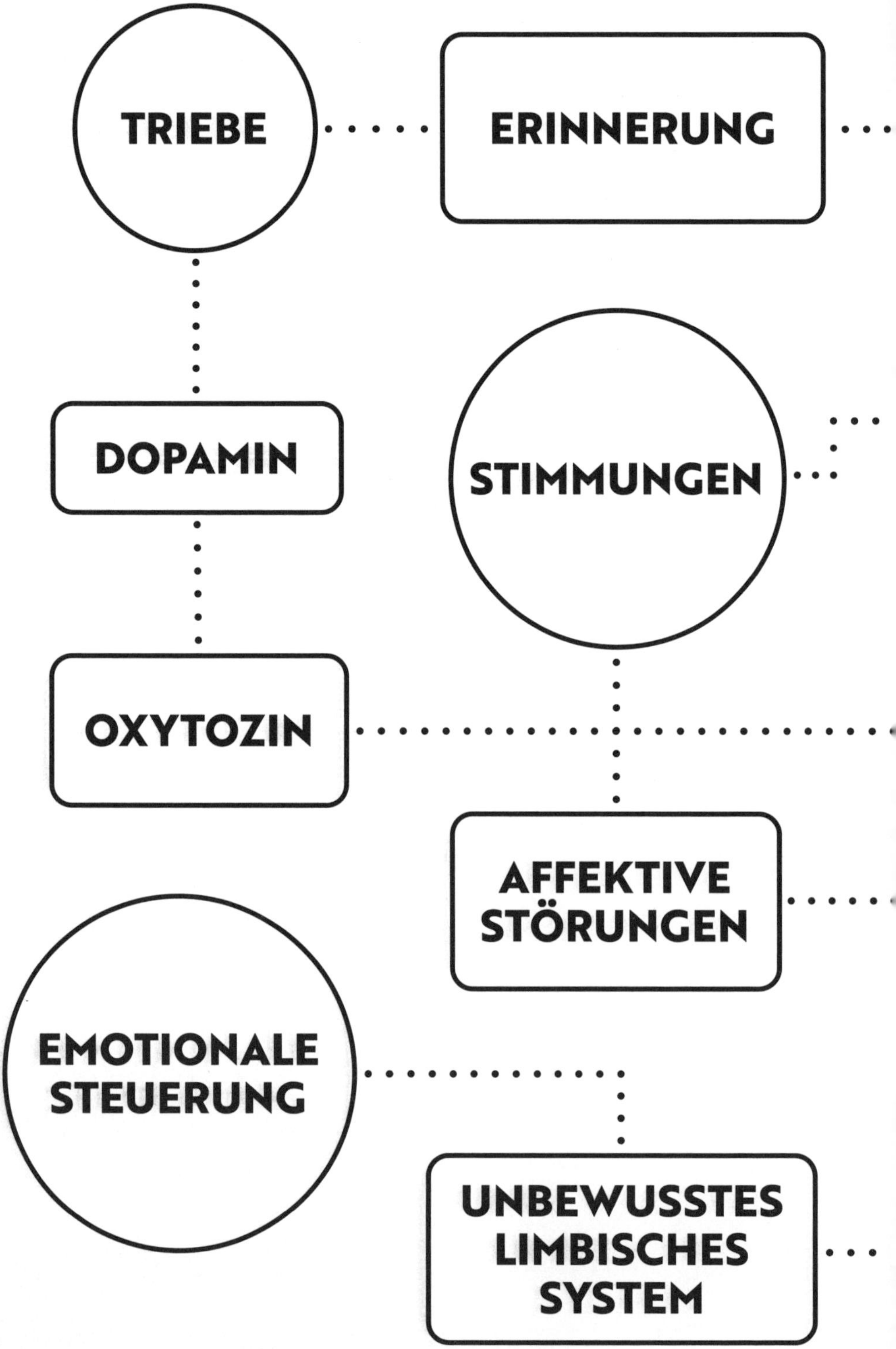
TRIEBE
ERINNERUNG
DOPAMIN
STIMMUNGEN
OXYTOZIN
AFFEKTIVE STÖRUNGEN
EMOTIONALE STEUERUNG
UNBEWUSSTES LIMBISCHES SYSTEM

KAPITEL 5

EMOTIONEN

GEFÜHLE

ANTERIORER CINGULÄRER KORTEX

TIERVERHALTEN

THEORY OF MIND

EINLEITUNG

Wenn Verwandte des Außerirdischen Spock Artefakte vom Planeten Erde untersuchen würden, wären sie verblüfft. Unsere Bücher, Gedichte, Musik und die bildende Kunst stellen fast ausnahmslos Emotionen dar bzw. sind darauf ausgelegt, sie auszulösen, und Emotionen sind den Vulkaniern fremd. Wenn sie dann die Schöpfer dieser Artefakte beobachten würden, wären sie wahrscheinlich noch viel verblüffter, genau wie Spock angesichts des Verhaltens der menschlichen Crew des Raumschiffes Enterprise.

Hätten sich die Vulkanier auf dem temperamentvollen und gefährlichen Planeten Erde entwickelt, wüssten sie vielleicht auch, was es heißt, zu lieben und Angst, Wut, Ekel, Freude und Traurigkeit zu empfinden. Emotionen haben sich wie alle Gehirnfunktionen entwickelt, um unser Überleben in einer Umgebung zu sichern, in der nicht anpassungsfähige Lebewesen rasch ausgelöscht werden.

Viele der Gefahren, denen unsere Vorfahren ausgesetzt waren und denen die meisten Tiere auch heute noch begegnen, erforderten körperliche Reaktionen wie Flucht oder Kampf, und wer schneller reagierte, hatte bessere Überlebenschancen. Ebenso half es über körperliche Automatismen zu verfügen, die schädliche Substanzen und Gifte abstoßen und vermeiden.

Wenn unsere Vorfahren beispielsweise Rückschläge erlitten, weil sie sich zu weit auf gefährliches Terrain vorgewagt hatten, konnte es helfen, wenn das Gehirn ihnen die Energie entzog, damit sie sich bedeckt hielten. Wenn sie hingegen in guter Verfassung waren, half es, aktiv und neugierig zu sein. Die entsprechenden körperlichen Anpassungen sind im Prinzip **EMOTIONEN**.

Sie werden unbewusst von unserem **VEGETATIVEN NERVENSYSTEM (VNS)** gesteuert, das die Herz- und Atemfrequenz sowie viele andere Funktionen reguliert, die unseren Körperzustand an äußere

Gegebenheiten anpassen. Ein Teil davon, der Sympathicus, bereitet uns auf Handlungen vor, und ein anderer Teil, der Parasympathicus, bringt uns wieder in einen normalen Ruhezustand zurück. Diese Selbstregulation wird als **HOMÖOSTASE** bezeichnet.

Für Spock und seine Freunde wäre das alles fraglos völlig logisch, aber sie würden immer noch nicht verstehen, warum Emotionen in unseren Büchern und Liedern eine derart große Rolle spielen. Zweifellos würden sie zum Schluss kommen, dass es noch etwas anderes geben muss, und das gibt es auch – die **GEFÜHLE**.

In diesem Kapitel wird untersucht, wie das Gehirn ein physiologisches Überlebenssystem in die Gefühle umwandelt, die wir als Emotionen erkennen. Es wird beschrieben, warum Frauen emotionaler erscheinen als Männer, und wir fragen, ob Tiere die Dinge genauso empfinden wie wir. Wir fragen außerdem: Teilen alle Menschen die gleichen Emotionen und was zählt eigentlich als Emotion: Sex? Schmerz? Gehören **STIMMUNGEN** oder **TRIEBE** auch dazu?

ÜBERSICHT EMOTIONEN

KONTROLLE

VEGETATIVES NERVENSYSTEM (VNS)
Unbewusstes Kontrollsystem, das die Körperfunktionen so reguliert, dass unser körperlicher Zustand den Umgebungsanforderungen entspricht.

PARASYMPATHICUS
Unbewusstes Kontrollsystem, das den normalen Körperzustand (Homöostase) wiederherstellt, nachdem dieser als Reaktion auf reale oder imaginäre Umwelteindrücke verändert wurde.

EMOTIONEN
Physiologische Veränderungen, die den Körper auf eine Herausforderung oder günstige Gelegenheit vorbereiten; können bewusst als Gefühle erlebt werden.

GEFÜHLE
Bewusst wahrgenommene Emotionen.

AFFEKTSTÖRUNGEN
Psychische und Verhaltensstörungen im Zusammenhang mit Stimmungen, einschließlich Depressionen und Angstzuständen.

INSELRINDE
Ein weitgehend zwischen dem Temporal- und dem Frontallappen verborgener Teil des Gehirns, der den Zustand des Körpers überwacht. Empfindlich für körperliche Gefahren und an Schmerz- und Ekelbildung beteiligt.

ANTERIORER CINGULÄRER CORTEX
Vorderer Teil der Gürtelwindung in der tiefen Furche zwischen den Hirnhälften; maßgeblich für die Regulierung von Emotionen und Aufmerksamkeit, sensibel für eigene Fehler, emotionales Gedächtnis, Schmerz und Selbstkontrolle.

CORTEX

NEUROTRANSMITTER

DOPAMIN
Neurotransmitter, der angenehme Vorfreude hervorruft.

OXYTOZIN
Hormon und Neurochemikalie, die Bindungs- und Fürsorgeverhalten beeinflusst.

TRIEB
Starker, eindringlich motivierender Druck, ein bestimmtes Ziel zu erreichen. Sobald es erreicht ist, schüttet das Gehirn in der Regel Serotonin aus, das Zufriedenheitsgefühle auslöst.

SEROTONIN
Neurotransmitter, der mit Ruhe und Zufriedenheit in Verbindung gebracht wird.

STIMMUNGEN
Lang anhaltende Geisteszustände, die sich, im Gegensatz zu Emotionen, nicht ohne Weiteres durch Ereignisse verändern lassen und das Verhalten und die Weltanschauung beeinflussen.

EMOTIONSREGULATION

Komplexer Prozess, der Affekte kontextabhängig reguliert, z. B. durch Dämpfung der Mandelkern-Aktivität, um Panik zu verhindern.

THEORY OF MIND
Intuitives Verständnis von Gedanken und mentalen Zuständen bei sich und bei anderen. Entwickelt sich schrittweise und wird in der Regel ab dem dritten Lebensjahr wahrnehmbar.

Warum habe ich Schmetterlinge im Bauch?

→ Emotionen sind physiologische Veränderungen, die den Körper auf Herausforderungen oder günstige Gelegenheiten einstimmen sollen. Schmetterlinge im Bauch, zitternde Hände, ein flaues Gefühl im Magen und weiche Knie treten auf, wenn wir uns dieser Veränderungen bewusst werden.

Wir verwenden die Begriffe „Emotionen" und „Gefühle" meist synonym, doch sie haben unterschiedliche Bedeutungen. Zu den Emotionen gehören die ständigen Schwankungen von Blutdruck, Herzschlag, Atmung und Muskelspannung, die unseren Körper auf Kommendes vorbereiten. All dies geschieht meist unbewusst, doch wenn beispielsweise ein lautes Geräusch in der Nähe auf Gefahr hindeutet, oder der Anblick einer geliebten Person auf Freude, kann das in uns Gefühle hervorrufen.

Manche Menschen sind sehr empfänglich für Emotionen und empfinden sie schnell und stark. Andere sind weniger sensibel, und es kann sogar vorkommen, dass sie eine Emotion überhaupt nicht bemerken.

Gefühle sind zunächst sinnlich wahrnehmbar als Schmetterlinge im Bauch und mehr. Sobald sich das Gehirn jedoch eines emotionalen Gefühls bewusst wird, sucht es nach der Ursache und wendet sich dieser zu. Wenn beispielsweise der Anblick eines Hundes das Gefühl hervorruft, durchsucht das Gehirn sein Gedächtnis nach Erfahrungswerten mit Hunden, um das Verhalten des Tieres abzuschätzen. Der Gedanke an einen Hundebiss könnte aufkommen und danach die Idee wegzulaufen. Der Person könnte sogar klar werden, dass sie bereits davonrennt, denn starke Emotionen können automatische Handlungen auslösen, bevor man sich der emotionalen Empfindung überhaupt bewusst ist.

Innerhalb des eher begrenzten Repertoires körperlicher Reaktionen ist es nicht immer einfach, verschiedene Emotionen zu unterscheiden. Die Capilano Hängebrücken-Studie aus dem Jahr 1974 fiel in eine Zeit, als Gender-Sensibilitäten noch keine große Rolle spielten. Auffallend attraktive, junge Frauen wurden auf zwei Brücken positioniert, um männliche Passanten zu interviewen. Die eine war eine wackelige Hängebrücke, die andere war stabiler. Die Interviewerinnen gaben zum Schluss ihre Telefonnummern an, „falls die Männer noch Fragen haben sollten". Von den Männern, die später die Frauen anriefen, hatten vier Fünftel die wackeligere Hängebrücke überquert. Die beteiligten Forscher Don Dutton und Arthur Aron von der University of British Columbia in Vancouver folgerten daraus, dass diese Männer entweder die Aufregung des riskant anmutenden Interviews mit sexueller Anziehung verwechselten, oder dass die Angst selbst sexuelles Interesse erzeugt hatte.

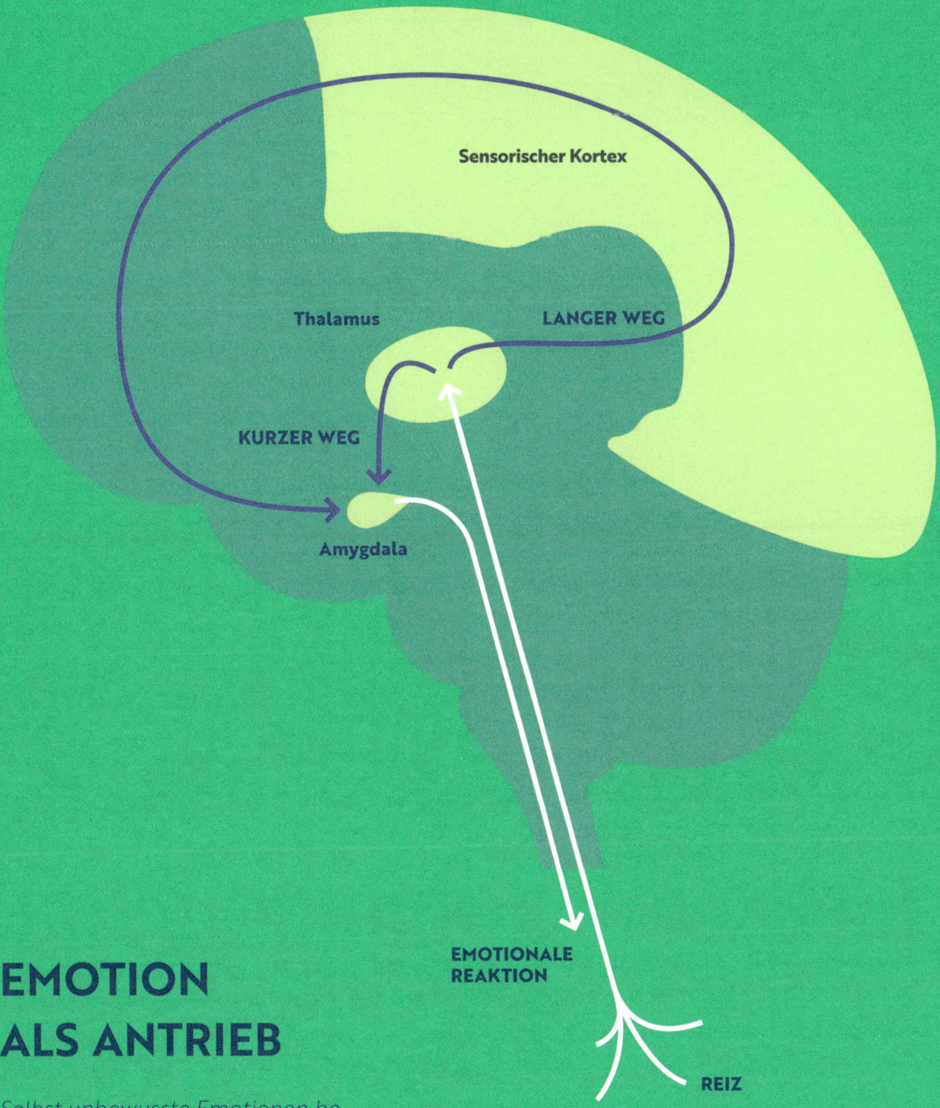

EMOTION ALS ANTRIEB

Selbst unbewusste Emotionen bestimmen unser Handeln. Wenn wir beispielsweise etwas Furchteinflößendes sehen, wird diese Information über den Thalamus an die Hirnrinde weitergeleitet, die darüber nachdenkt, bevor sie über die Amygdala ein bewusstes Gefühl erzeugt und eine überlegte Reaktion anordnet. Unterdessen nimmt die Information auch eine Abkürzung vom Thalamus direkt zur Amygdala, die eine Reflexreaktion auslöst. Dies kann noch geschehen, bevor die Hirnrinde ein bewusstes Gefühl registriert hat.

Spüren wir alle das Gleiche?

→ Emotionen wie Angst, Wut, Ekel, Freude und Überraschung scheinen universell zu sein. Doch Menschen drücken sie unterschiedlich stark aus und können sie bei unterschiedlichen Ereignissen empfinden.

Emotionen sind bei allen Menschen mehr oder weniger gleich: Gefahren oder Herausforderungen beschleunigen Herzschlag und Atmung, erhöhen den Blutdruck und leiten Blut in die Muskeln, um den Körper auf Flucht oder Kampf vorzubereiten.

Bei Ekel weichen wir zurück und verengen Augen und Nasenlöcher, damit wir nichts Widerwärtiges in uns aufnehmen. Traurigkeit erzeugt Tränen als Hilferuf an andere und aus Überraschung reißen wir Augen und Mund weit auf, um Informationen aufzunehmen. Freude erzeugt ein Gefühl körperlicher Wärme und den Drang vorwärtszugehen Genauso hat jede Emotion ein eigenes und allgemeines Aktivitätsmuster im Gehirn. Die Amygdala wird bei Wut und Angst beidseitig aktiv, bei Freude nur links. Ekel aktiviert die Inselrinde, einen weitgehend verborgenen Teil des Gehirns, der zwischen Temporal- und Frontallappen liegt. Diese Aktivitäten setzen Neurotransmitter wie Dopamin (Vorfreude), Noradrenalin (Erregung) und Serotonin (Zufriedenheit) frei. Oft treten zwei oder mehrere Emotionen gleichzeitig auf. Starke Emotionen erzeugen in der Regel bewusste Gefühle, aber es ist schwer zu sagen, ob diese bei allen Menschen gleich sind, da wir uns nur auf Berichte stützen können.

Jemand mit trauriger Ausstrahlung könnte sagen, dass er sich amüsiert oder wütend fühlt. Insbesondere körperliche Abscheu wird oft als etwas anderes beschrieben, vielleicht, weil wir Ekel oft mit erlerntem Verhalten überschreiben. Der Gestank eines edlen Käses sei hier ein Beispiel.

Die Verwirrung könnte kultureller Natur sein. Es gibt Gesellschaften, in denen negative Gefühle inakzeptabel sind und Gruppen, in denen es negativ auffällt, wenn man Angst oder Ekel zeigt. Jemand, der an Gefahrensituationen gewöhnt ist, empfindet diese wahrscheinlich weniger intensiv als jemand aus behüteten Verhältnissen. Umgekehrt wird eine Person, die ständig auf ihren emotionalen Zustand achtet, Gefahren wahrscheinlich stärker wahrnehmen und genauer zuordnen.

KARTIERTE EMOTIONEN

Jede Emotion hat eine physiologische Signatur, die bei allen Menschen ähnlich ist. Finnische Forscher der Aalto-Universität baten 700 Freiwillige genau zu beschreiben, in welchem Teil ihres Körpers verschiedene Emotionen spürbar waren, und erstellten eine „Körperkarte" davon. Ebenso hat jeder emotionale Zustand ein eindeutiges Aktivierungsmuster im Gehirn. Die Art und Weise, in der eine Person ihren emotionalen Zustand beschreibt, kann jedoch davon abweichen. Oft ist es schwierig, Gefühle genau einzugrenzen, nicht zuletzt deshalb, weil sie oft gemischt sind. Ein Verhalten kann dann aussagekräftiger sein als Worte.

Ist sexuelles Verlangen eine Emotion?

Hier betreten wir eine Grauzone. Sexuelles Verlangen für sich genommen gleicht eher einem Appetit oder Trieb, einem Versuch des Körpers, das Gehirn für etwas in Dienst zu nehmen, das ihm nützt.

Emotionen und Triebe entstehen beide aus Körperzuständen, die Handlungen auslösen sollen. Im Gegensatz zu Emotionen wirken Triebe jedoch auf ein klar umrissenes Ziel hin, und zwar sofort! Wenn das Ziel erreicht ist, beseitigt das Gehirn den Trieb, indem es den Reiz abstellt, und kann Neurotransmitter wie Endorphine oder Serotonin ausschütten, die das Belohnungssystem des Gehirns aktivieren.

Das sexuelle Verlangen der meisten Menschen ist viel komplizierter, als der einfache Drang zu essen oder auf die Toilette zu gehen. Wissenschaftler haben mithilfe bildgebender Verfahren wie der funktionellen Magnetresonanztomografie (fMRT) und der Elektroenzephalografie (EEG) mehrere Gehirnregionen identifiziert, die aktiv werden, wenn Menschen sexuelles Verlangen spüren, und einige davon sind an komplexen Denkprozessen beteiligt.

Es dauert etwa eine halbe Sekunde, bis eine Person erkennt, ob sie jemanden sexuell attraktiv findet. Während dieser Zeit werden zahlreiche Gehirnregionen aktiv. Die Amygdala erzeugt Emotionen und der Hippocampus, der persönliche Erinnerungen kodiert und abruft, wird aktiv. Möglicherweise sucht er nach vergangenen sexuellen Erfahrungen, um abzuschätzen, welches Vorgehen am besten oder welche Handlung des Gegenübers zu erwarten ist. Die vordere Inselrinde in der tiefen Falte zwischen Temporal- und Frontallappen überwacht die im Körper stattfindenden Veränderungen. Weitere frontale Hirnregionen, die uns helfen, die Gedanken und Gefühle anderer abzuschätzen, kommen ins Spiel.

All diese Aktivitäten verstärken sich, wenn das Verlangen zu sexueller Aktivität führt. Dopamin, der Neurotransmitter für angenehme Vorfreude, hält die Lustkreisläufe in Schwung, und Oxytocin erzeugt ein „Bindungsgefühl" sowie Gebärmutterkontraktionen bei Frauen. Während des Orgasmus werden Teile des präfrontalen Kortex, der das Verhalten steuert, heruntergefahren, während im vorderen Teil der tiefen Furche zwischen den Hirnhälften der vordere Bereich der Gürtelwindung aktiviert wird und Schmerzen ausblendet, bis nur noch Lustgefühle übrig bleiben.

DAS DRÄNGENDE GEHIRN

Viele Bedürfnisse dienen dem Alltagsbetrieb des Körpers, etwa nach Nahrungsaufnahme oder Ausscheidungen. Signale von Zellen, die Zucker brauchen oder die durch eine volle Blase gedehnt sind, gelangen über das Rückenmark ins Gehirn. Sie erreichen zunächst den Thalamus, der sie rasch an die entsprechenden Bereiche der Großhirnrinde weiterleitet, wie ein Verkehrspolizist, der einen Krankenwagen mit Blaulicht durch eine belebte Kreuzung winkt. Die Großhirnrinde wandelt die Signale in vertraute Empfindungen wie Hunger oder Harndrang um und leitet sie an die motorischen Areale weiter, die die erforderlichen Handlungen auslösen.

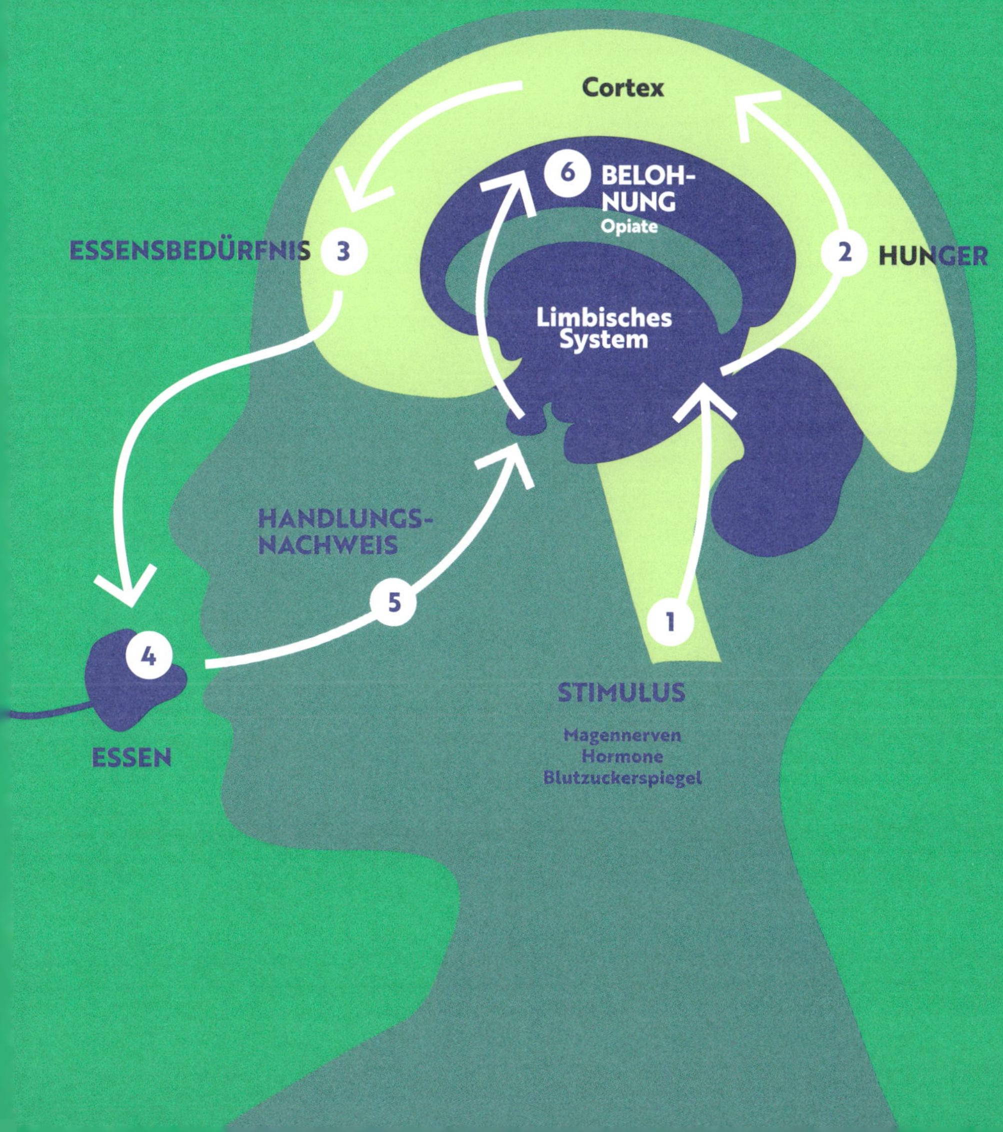

Sind Stimmungen nur lang anhaltende Emotionen?

→ Ganz so einfach ist es nicht. Stimmungen sind Geisteshaltungen, eine Art mentaler Hintergrund, der nicht ohne Weiteres durch äußere Ereignisse ausgewechselt werden kann.

Der wesentliche Unterschied zwischen Emotionen und Stimmungen besteht darin, dass Stimmungen viel länger anhalten und weniger intensiv sind. Eine Stimmung geht in der Regel über Stunden oder Tage. Hält sie noch länger an, kann eine klinisch relevante, affektive Störung vorliegen.

Manchmal wird ein bestimmtes Erlebnis für eine Stimmung verantwortlich gemacht, aber oft fällt es den Betroffenen schwer, die Ursache zu benennen. Emotionen hingegen dauern Sekunden oder Minuten, dominieren die subjektive Erfahrung einer Person und lassen sich in der Regel auf einen bestimmten Reiz zurückführen.

Im Vergleich zu Emotionen gibt es nur wenige neurowissenschaftliche Untersuchungen zur Gehirnaktivität bei Stimmungsschwankungen im Normalbereich. Unser Wissen stammt hauptsächlich aus Studien mit Menschen, die depressiv (chronisch negativ gestimmt), ängstlich ohne begründeten Anlass oder in manischer Hochstimmung sind. In diesen Fällen zeigen sich eindeutige Anomalien in der Aktivität und manchmal auch in der Anatomie des Gehirns. Allerdings ist es schwierig zu unterscheiden, ob solche körperlichen Abweichungen Ursache oder Folge der anhaltenden Stimmungszustände sind.

Bei depressiven oder ängstlichen Menschen reagiert beispielsweise die Amygdala stärker auf ein trauriges Gesicht oder ein unordentliches Zimmer. Wenn depressive Menschen versuchen, sich an ein schönes Erlebnis zu erinnern, ist ihr Hippocampus weniger aktiv. Es kann sogar sein, dass sie gar keine positiven Erinnerungen abrufen können. Bei ihnen ist der Austausch von Informationen zwischen bestimmten Stirnlappenbereichen und dem restlichen Gehirn beeinträchtigt. Dieses Muster geht eher mit Grübelei einher als mit Weltzugewandtheit. Bei manischen Menschen verhält es sich genau umgekehrt.

Obwohl Stimmungen Menschen nicht unmittelbar zu Handlungen bewegen, beeinflussen sie das Verhalten und können sogar im wahrsten Sinne des Wortes ihre Weltsicht verändern. Wenn eine ängstliche Person eine Menschenmenge beobachtet, nimmt ihr Gehirn vielleicht eher aggressiv wirkende Gesichter wahr, eine depressive Person sieht möglicherweise mehr Stirnrunzeln und eine manische Person mehr Lächeln.

NATUR ALS STIMMUNGSAUFHELLER

Das Leben in einer naturnahen Umgebung anstatt in einer Stadt wirkt sich bekanntermaßen positiv auf die körperliche und seelische Gesundheit aus. Studien zeigen, dass Anblicke der Natur, ihre Gerüche und sogar die Berührung von Gras statt Beton die Stimmung verbessern. In natürlichen Umgebungen haben unsere Gehirnwellen im Frontalbereich niedrigere Frequenzen. Dieses Aktivitätsmuster zeigt Wohlbefinden und Entspannung an. Im Gegensatz dazu scheinen städtische Umgebungen die Amygdala zu stimulieren, was eigentlich auf Angstzustände hindeutet.

Haben Tiere auch Gefühle?

→ Das wissen wir nicht. Doch genauso wenig können wir das mit Bestimmtheit über unsere Mitmenschen sagen, und letztlich bleibt uns nur, aus ihrem Verhalten Rückschlüsse zu ziehen. Tiere verhalten sich jedenfalls oft, als ob sie Gefühle hätten und das manchmal noch ausgeprägter als Menschen.

Wenn ein Hund schwanzwedelnd die Heimkehr seines Menschen begrüßt, wird kaum jemand an der Freude des Tieres zweifeln. Aber wie sieht das bei einem Fisch, Oktopus oder einer Kakerlake aus? Je mehr tierisches Verhalten unserem eigenen ähnelt, desto eher trauen wir dem Tier zu, dass es fühlt wie wir. Die meisten Säugetiere verhalten sich so, als würden sie Angst, Wut, Freude und Schmerz empfinden, und Untersuchungen ihrer Gehirne zeigen, dass sie mehr oder weniger die gleichen emotionalen Mechanismen haben wie wir.

Die Tierforschung hat gezeigt, dass viele Lebewesen über Fähigkeiten verfügen, die man lange nur Menschen zugetraut hatte. Die sogenannte Theory of Mind beispielsweise, eine etwas irreführende Bezeichnung für unsere Fähigkeit, die Befindlichkeit unserer Mitmenschen automatisch zu erkennen und ihre Absichten entsprechend einzuschätzen, wurde bei Dutzenden von Arten nachgewiesen, unter anderem bei Vögeln und möglicherweise auch Fischen. Raben verstecken Futter schneller, wenn sie wissen, dass sie beobachtet werden, und eine Ziege meidet Futterquellen, die für einen dominanten Artgenossen sichtbar sind. Vermutlich kann sie abschätzen, dass das dominante Tier aggressiv reagieren würde, wenn es sie beim Fressen erwischt. Sogar Fische scheinen zu wissen, wann andere ihnen bei der Nahrungssuche helfen können.

Viele Tiere demonstrieren auch ein hohes Maß an Empathie. Schimpansen beispielsweise eilen verletzten Familienmitgliedern zu Hilfe und nehmen sie tröstend in die Arme, genau wie Menschen es tun würden. Außerdem zeigen sie Wut, einen Sinn für Gerechtigkeit und können nett sein, wie eine Studie des niederländischen Tierverhaltensforschers Frans de Waal (geb. 1948) zeigt. Dabei wurden zwei befreundete Schimpansen in benachbarte Käfige gesetzt. Ein Versuchsleiter gab einem von ihnen wiederholt leckere Weintrauben, der andere bekam nur langweilige Gurkenstücke. Letzterer hatte bald genug von der Gurke und schleuderte sie dem Versuchsleiter entgegen. Der andere erkannte offenbar die Ungerechtigkeit der Situation und begann, einige seiner Trauben durch die Gitterstäbe an seinen Kumpel weiterzugeben.

MITGEFÜHL-UNTER-RATTEN-EXPERIMENT

Im Jahr 2011 setzten Forscher der Universität Chicago Rattenpaare in Käfige, wobei eine Ratte frei herumlaufen konnte, während die andere in einem durchsichtigen Rohr gefangen war. Das Rohr hatte eine Tür, die nur von außen geöffnet werden konnte. Die meisten frei laufenden Ratten lernten schnell, wie sie die Tür öffnen konnten, um ihre gefangenen Gefährten zu befreien, und taten dies selbst dann, wenn ihnen daraus kein Vorteil ersichtlich war. Das deutet darauf hin, dass Ratten Mitleid für weniger glückliche Artgenossen empfinden. Ratten haben wahrscheinlich Empathie entwickelt, weil soziale Fürsorge ihnen einen Überlebensvorteil verschafft, genau wie den Menschen.

Sind Frauen emotionaler als Männer?

→ Die typischen physischen Eigenschaften von Männer- und Frauengehirnen legen nahe, dass Frauen einen stärkeren Zugang zu ihren Emotionen haben. Dieser Unterschied könnte biologisch bedingt sein oder das Ergebnis erlernten Verhaltens. Wahrscheinlich trifft beides zu.

Traditionell werden Frauen als das emotionalere Geschlecht angesehen, und zahllose psychologische Studien scheinen dies zu bestätigen. In jeder Kultur, in der emotionales Verhalten konsequent erfasst wurde, berichten Frauen von intensiveren Gefühlen, mehr Tränen und lebhafteren emotionalen Erinnerungen als Männer.

Es gibt Unterschiede zwischen männlichen und weiblichen Gehirnen, die darauf hindeuten, dass Frauen ihre Emotionen besser einordnen können als Männer. Ihre Gehirne haben mehr Verbindungen zwischen der rechten Gehirnhälfte, wo „negative" Emotionen entstehen, und der linken Gehirnhälfte, wo diese bewusst und beschreibbar gemacht werden. Eine Emotion zu fühlen und sie beschreiben zu können ist jedoch nicht dasselbe. Damit eine Emotion gefühlt werden kann, muss die Amygdala im unbewusst arbeitenden limbischen System starke Signale an den Stirnlappen senden, wo sie bewusst wird. Beide Geschlechter reagieren auf Emotionsreize durch die Aktivierung der Amygdala, aber das menschliche Gehirn kann die Wirkung dieser Aktivität durch einen Prozess namens Emotionsregulation (ER) abdämpfen. Dies geschieht beispielsweise, wenn man in einer gefährlichen Situation einen kühlen Kopf bewahren muss oder wenn ein Wutausbruch unangemessen wäre.

Neueste bildgebende Untersuchungen des Gehirns zeigen, dass Männer und Frauen dafür unterschiedliche Mechanismen nutzen. Ein weibliches Gehirn hemmt emotionale Reaktionen, indem es Signale von den Stirnlappen an das limbische System sendet und so, metaphorisch gesprochen, brodelnde Emotionen kalt ablöscht. Männer hingegen lenken die Aufmerksamkeit von den Emotionen ab, indem sie Schaltkreise im hinteren Teil des Gehirns nutzen. So verhindern sie effektiv, dass die Emotionen überhaupt erst hochkochen. Die männliche Dämpfungsreaktion erfolgt automatisch, während Frauen sich bewusst ins Zeug legen müssen, um ihre Emotionen in Schach zu halten.

So gesehen sind Frauen also emotionaler als Männer. Da Emotionen jedoch in erster Linie körperliche Veränderungen und keine Gefühle sind, bleibt denkbar, dass Männer genauso viele Emotionen haben wie Frauen, sie nehmen sie aber nicht bewusst wahr.

TYPISCHES WEIBLICHES GEHIRN

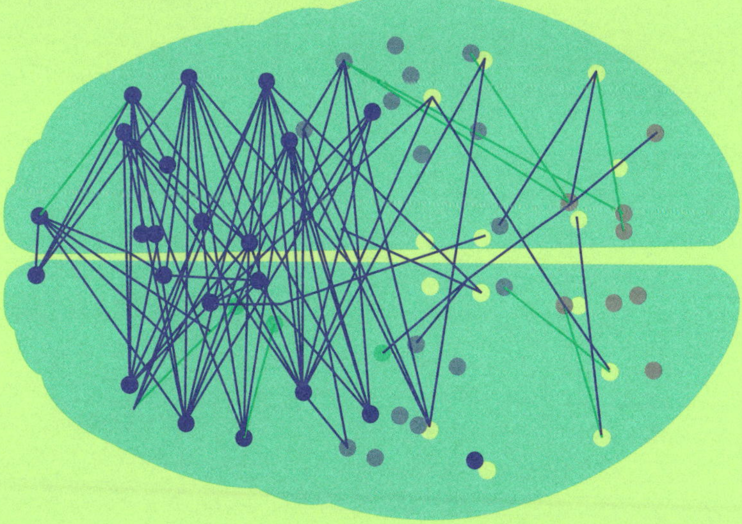

TYPISCHES MÄNNLICHES GEHIRN

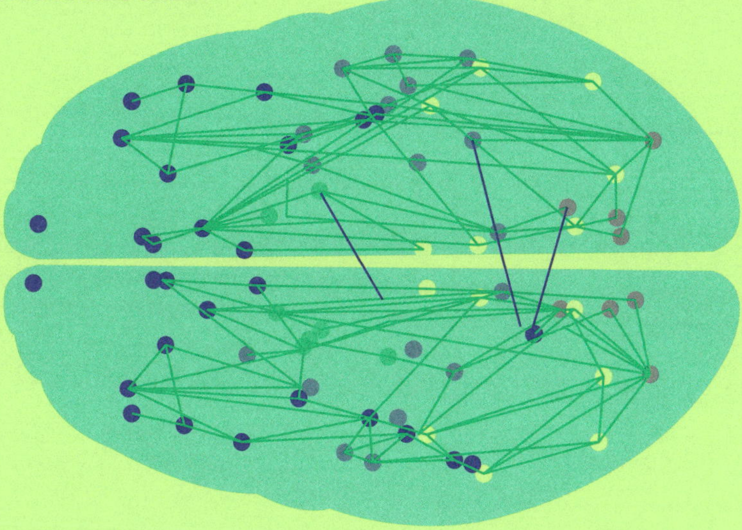

KONNEKTOM-KARTEN

Die Gehirne von Frauen sind anders verschaltet als die von Männern. Bildgebende Untersuchungen zeigen, dass Frauen im Durchschnitt über mehr Nervenverbindungen zwischen den Hirnhälften verfügen. Negative Emotionen entstehen in der rechten Hirnhälfte und müssen erst in die linke übertragen werden, bevor man sie in Worte fassen kann. Möglicherweise können Frauen deshalb Emotionen bewusster empfinden und besser artikulieren als Männer.

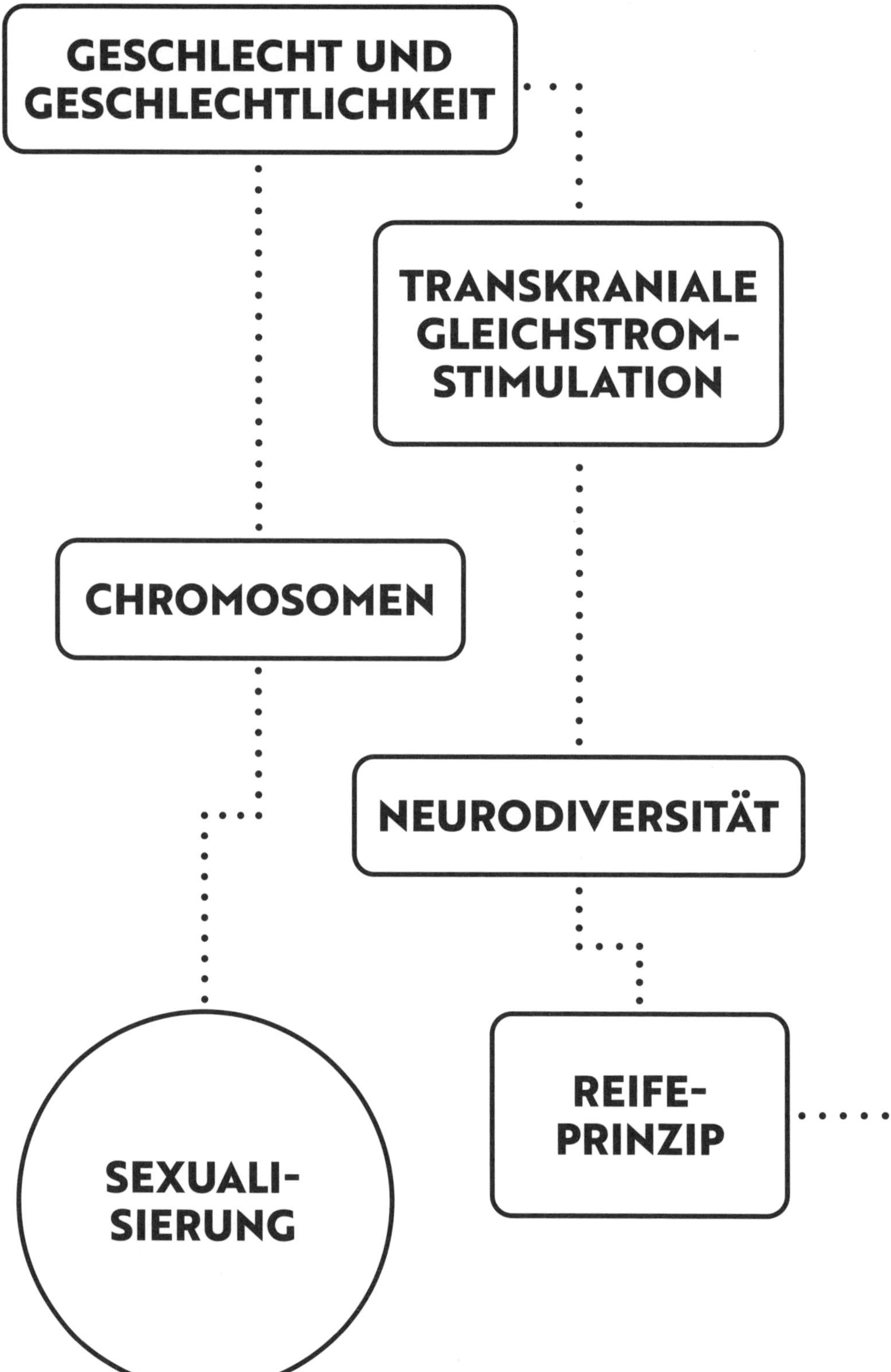
GESCHLECHT UND GESCHLECHTLICHKEIT
TRANSKRANIALE GLEICHSTROM-STIMULATION
CHROMOSOMEN
NEURODIVERSITÄT
REIFE-PRINZIP
SEXUALI-SIERUNG

KAPITEL 6

DIVERSITÄT

EINEIIGE ZWILLINGE

PERSÖNLICHKEITSTYPEN

FÜNF-FAKTOREN-MODELL

TESTOSTERON

ADOLESZENZ

EINLEITUNG

Kein Gehirn ist wie das andere. Deshalb gibt es auch keine zwei Menschen, die die Welt gleich erleben oder sich identisch verhalten. Das trifft bereits vor der Geburt zu, denn das menschliche Gehirn reagiert äußerst empfindlich auf seine Umwelt. Selbst **EINEIIGE ZWILLINGE** unterscheiden sich als Babys voneinander, weil ihre Gehirne durch die jeweilige Lage und die Bewegungen im Mutterleib geprägt wurden. Bis zum Erwachsenenalter hatte jeder von uns Milliarden einzigartiger Erlebnisse und jedes davon hat einen, wenn auch noch so kleinen Eindruck hinterlassen. Dennoch bleiben wir uns meist ähnlich genug, um gemeinsame Interessen zu entwickeln, einander einigermaßen zu verstehen und uns mehr oder weniger angemessen in der Gesellschaft zu bewegen.

Eine Ausnahme bildet die bedeutende Minderheit von Menschen, die zusammenfassend als neurodivergent bezeichnet werden. Bis etwa ins Jahr 2000 wurden Menschen, die sich merklich anders verhielten als die Mehrheit, oft wenig schmeichelhaft als exzentrisch bezeichnet oder gar als medizinisch behindert angesehen. Dies änderte sich, nachdem die australische Soziologin Judy Singer das Konzept der **NEURODIVERSITÄT** prägte, um neurodivergente Menschen besser beschreiben zu können, die, wie sie selbst, die Welt anders wahrnehmen, aber keinesfalls „krank" sind.

Kurz darauf wurde der Begriff „neurotypisch" erfunden. Er tauchte erstmals 2010 auf einer satirischen Website für das fiktive Institut zur Erforschung des Neurobiologisch Typischen auf, wo er als Störung beschrieben wurde „die sich durch Statusbesessenheit, Überlegenheitswahn und Konformitätszwang auszeichnet". Heute ist der satirische Ursprung verloren gegangen, und das Wort beschreibt ironiefrei alle Menschen, die sich selbst nicht als neurodivergent verstehen.

Die Einteilung der Welt in diese beiden Kategorien brachte einen sozialen Nutzen. Sie hat das Stigma vermindert, unter dem Menschen häufig leiden mussten, wenn sie sich merklich von der Mehrheit unterschieden, und sie hat uns für die mit einer Neurodivergenz verbundenen Stärken und Schwächen sensibilisiert. Die Kategorien können jedoch auch verwirrend sein, da die Grenze zwischen neurotypisch und neurodivergent unscharf ist und sich ständig verschiebt.

Die Neurodivergenz umfasst Menschen mit erkennbaren physiologischen Anomalien wie Down-Syndrom und Cerebralparese bis hin zu Störungen wie LEGASTHENIE und Dyskalkulie, zur **AUFMERKSAMKEITS-DEFIZIT-/HYPERAKTIVITÄTSSTÖRUNG (ADHS)** und dem **TOURETTE-SYNDROM**. Neurodivergenz an sich ist keine Krankheit, auch wenn einige Erkrankungen unter den Begriff fallen. Manche vermuten, dass sich jeder Dritte von uns „auf dem Spektrum" befinden könnte.

Dieses Kapitel befasst sich mit der gesamten Bandbreite menschlicher Diversität und damit, wie sie eingestuft wird. Von Versuchen **PERSÖNLICHKEITSEIGENSCHAFTEN** zu vermessen bis hin zur Darstellung der tiefgreifenden Veränderungen im Gehirn während der **ADOLESZENZ** greift es einige der umstrittensten sozialen Gegenwartsfragen auf, darunter auch, ob es möglich ist, die Körpermerkmale eines Geschlechts und das Gehirn eines anderen Geschlechts zu haben.

ÜBERSICHT DIVERSITÄT

IDENTITÄT

BIOLOGISCHES GESCHLECHT

Das genetische Geschlecht einer Person. Unabhängig vom Chromosomensatz sind alle Föten zunächst weiblich. Von der Mutter produzierte Testosteronbäder bewirken bei Föten mit Y-Chromosom eine männliche Ausprägung. Wenn das Testosteron wirkungslos bleibt, behalten sie eine weibliche Physiologie bei.

GESCHLECHTLICHE PRÄGUNG
Prozess, durch den eine Person aufgrund der Wirkung von Sexualhormonen Geschlechtsmerkmale entwickelt. Biologisches Geschlecht sowie sexuelle Identifikation und Orientierung werden in verschiedenen Phasen festgelegt und müssen nicht übereinstimmen.

TESTOSTERON
Männliches Steroid-Sexualhormon, das den Körper in die männliche Form bringt; sexualisiert auch das Gehirn während der Entwicklung, allerdings nicht unbedingt auf dieselbe Weise wie den Körper.

CHROMOSOM
Langer DNA-Strang, der genetische Informationen enthält, darunter ein Paar Geschlechtschromosomen (XX – weiblich; XY – männlich).

GESCHLECHTLICHKEIT (GENDER)
Komplexe Wechselbeziehung zwischen Körper, subjektiver Identität und Geschlechterrollen. Die Geschlechtsidentität kann mit dem bei der Geburt festgestellten biologischen Geschlecht übereinstimmen oder davon abweichen.

NEURODIVERGENZ

Sammelbegriff für Zustände, in denen das Gehirn anhaltend auffällig untypisches Verhalten produziert. Es wird zwischen drei Formen unterschieden: konkrete, klinische und erworbene.

REIFEPRINZIP
Die Vorstellung, dass Menschen im Durchschnitt mit zunehmendem Alter extrovertierter, emotional stabiler, umgänglicher und gewissenhafter werden.

PHRENOLOGIE
Im frühen 19. Jahrhundert verbreitete Lehre, nach der sich an der äußeren Schädelform die Ausprägung verschiedener Gehirnzentren („Organe") abbildet, die jeweils bestimmte Persönlichkeitsmerkmale hervorbringen.

GENE

EINEIIGE (MONOZYGOTISCHE) ZWILLINGE

Obwohl sie genetisch identisch sind, entwickeln sich ihre Gehirne aufgrund von Umwelteinflüssen bereits vor der Geburt rasch auseinander.

AUTISMUS
Klinische Neurodivergenz, welche die soziale Interaktions- und Kommunikationsfähigkeit beeinträchtigt sowie zu eingeschränkten und ritualisierten Verhaltensmustern führt.

LEGASTHENIE
Lese-Rechtschreib-Schwäche. Einige Formen stehen im Zusammenhang mit Anomalien der Sehbahn.

TOURETTE-SYNDROM
Klinische Neurodivergenz, die sich in wiederholt unwillkürlichen Bewegungen oder Lautäußerungen (Tics) äußert.

AUFMERKSAMKEITSDEFIZIT-HYPERAKTIVITÄTSSYNDROM (ADHS)
Klinische Neurodivergenz mit anhaltender Konzentrationsschwäche, Hyperaktivität und Impulsivität.

TRANSKRANIALE GLEICHSTROMSTIMULATION (TDCS)
Nicht-invasive Neuromodulation, die das Gehirn direkt mit elektrischem Strom oder magnetischen Impulsen stimuliert, um den Informationsfluss zwischen den Neuronen zu verändern.

WESENSZÜGE

BIG FIVE (FÜNF-FAKTOREN-MODELL)
Detaillierte Analyse von Begriffen zur Beschreibung der menschlichen Persönlichkeit. Es gibt fünf Hauptdimensionen: Offenheit, Gewissenhaftigkeit, Extraversion, Verträglichkeit und Neurotizismus.

Haben eineiige Zwillinge identische Gehirne?

→ Sie teilen dieselben Gene, doch ihre Gehirne entwickeln sich aufgrund unterschiedlicher Erfahrungen bereits im Mutterleib auseinander. Damit unterscheiden sich auch ihre Persönlichkeiten.

Psychologische Studien an Zwillingen haben insbesondere anhand von getrennt aufgewachsenen Zwillingspaaren gezeigt, dass Gene einen erstaunlich großen Einfluss auf das menschliche Verhalten haben. Die 1989 begonnene Minnesota Twin Family Study begleitete 81 Paare eineiiger Zwillinge, die bei der Geburt getrennt worden waren. Die Studie ergab, dass viele von ihnen im Erwachsenenalter Wesenszüge und Verhaltensweisen teilten, von denen man kaum vermutet hätte, dass sie proteinerzeugenden Molekülen, also unseren Genen, zu verdanken sein könnten.

Ein Paar, das seit der vierten Lebenswoche getrennt aufgewachsen war, stellte bei seiner Wiedervereinigung im Alter von 39 Jahren fest, dass beide auf ihren Fingernägeln kauten, die gleiche Zigarettenmarke rauchten, den gleichen Autotyp fuhren und im gleichen Strandresort ihren Urlaub verbrachten. Andere Zwillinge stellten nach jahrzehntelanger Trennung fest, dass sie sich fast identisch kleideten, die gleiche Frisur und ähnliche Berufe hatten sowie denselben besonderen Sinn für Humor teilten. Nähere Untersuchungen ergaben, dass sie auch sehr ähnliche IQs und Persönlichkeitsprofile hatten.

Dennoch verhalten sich eineiige Zwillinge niemals gleich, selbst wenn sie gemeinsam aufwachsen. Ihre Mütter können innerhalb weniger Tage Verhaltensunterschiede feststellen, und manchmal entwickeln sich ihre Persönlichkeiten fast genauso unterschiedlich wie bei anderen Geschwistern. Die Unterschiede lassen sich wahrscheinlich auf die hohe Sensibilität des Gehirns für seine Umgebung zurückführen. Die Arbeit des klinischen Psychologen Simon Baron-Cohen von der Universität Cambridge hat gezeigt, dass sogar die Position eines Zwillings im Mutterleib das Gehirn verändern kann. Mädchen, die sich den Mutterleib mit einem männlichen Zwilling teilten, sind tendenziell auffallend burschikos, selbst wenn sie ohne ihren Bruder aufwachsen. Ein Grund dafür könnte sein, dass sie vor der Geburt im selben „Testosteronbad" lagen, das der männliche Fötus ausgelöst hatte. Dieses gibt den Gehirnen von Jungen bereits vor der Geburt eine geschlechtliche Prägung.

In einer aktuellen Studie konnten Experten in den Gehirnen eineiiger Zwillinge bereits kurz nach der Geburt anatomische Unterschiede feststellen. Gleichzeitig konnten sie die Zwillinge in den meisten Fällen anhand ihrer Gehirne einander zuordnen.

GLEICHE GENE, ANDERES GEHIRN

Studien mit Zwillingen deuten darauf hin, dass der IQ und andere messbare Gehirnfunktionen fast zu gleichen Teilen von Genen und Umwelteinflüssen geformt werden. Minimale äußere Einflüsse können jedoch zu großen Unterschieden zwischen eineiigen Zwillingen führen. Ein Fötus kann beispielsweise eine vorteilhafte Position im Mutterleib erlangen und so bei der Geburt besser genährt und stärker sein. Das heranwachsende Gehirn ist so empfindlich, dass selbst geringe Unterschiede in der pränatalen Ernährung später zu auffälligen Verhaltensunterschieden führen können.

Gibt es eine bestimmte Anzahl von Persönlichkeitstypen?

→ Einige Persönlichkeitstests unterteilen Menschen in Typen, sie bieten jedoch eher grobe Anhaltspunkte für ihre Beurteilung. Genauer lassen sich Persönlichkeiten anhand der fünf sogenannten „Big Five"-Faktoren erfassen.

Die fünf Persönlichkeitsmerkmale des sogenannten Fünf-Faktoren-Modells (FFM) sind Offenheit, Gewissenhaftigkeit, Extraversion, Verträglichkeit und Neurotizismus. Ein umfangreicher Fragebogen in Kombination mit komplexen mathematischen Berechnungen bestimmt, wie ausgeprägt eine Person in jedem dieser Bereiche abschneidet. Im Gegensatz zu Tests, die Menschen in grobe Typenschemas zwängen, ermöglicht dieses Modell eine nahezu unendliche Bandbreite an Persönlichkeiten.

Persönlichkeitstests werden seit Jahrzehnten bei Berufseignungstests und psychologischen Beurteilungen eingesetzt, doch seit Kurzem verwenden Neurowissenschaftler das FFM, um Perönlichkeitsmerkmale den verantwortlichen Hirnabschnitten und -funktionen zuzuordnen.

Colin DeYoung von der Universität Minnesota hat mithilfe der Magnetresonanztomografie (MRT) verschiedene Gehirnregionen von Freiwilligen untersucht, deren Persönlichkeit mit dem FFM bewertet worden war. Es zeigte sich, dass Menschen, die bei bestimmten Persönlichkeitsmerkmalen hohe Werte erzielt hatten, ein deutlich größeres Volumen in den Gehirnregionen aufwiesen, die bei dementsprechenden Verhaltensweisen aktiv sind. Scheinbar werden also Persönlichkeitsunterschiede am Gehirn sichtbar, und theoretisch könnten wir eines Tages in der Lage sein, die Persönlichkeit eines Menschen nur anhand des Aussehens bestimmter Gehirnabschnitte zu beurteilen.

Andere Arbeiten haben gezeigt, dass sich die Persönlichkeit auch in den Chemikalien widerspiegelt, die vom Gehirn produziert werden. Extrovertierte Menschen produzieren beispielsweise mehr Dopamin, das angenehme Vorfreude erzeugt, und Menschen, die beim Neurotizismus mit einer Neigung zu Angstzuständen und Depressionen hoch abschneiden, weisen chronisch hohe Werte des Stresshormons Cortisol auf. Offenheit, zu der Fantasie, Neugier und Erfindungsreichtum gehören, wird ebenfalls mit einem hohen Dopaminspiegel in Verbindung gebracht, allerdings nicht nur in den Belohnungszentren, sondern auch in den Gehirnregionen, die mit Aufmerksamkeit in Verbindung stehen.

Die Persönlichkeitsforschung am Gehirn steckt noch in den Kinderschuhen, aber es ist durchaus denkbar, dass eines Tages die neuronalen Grundlagen des Verhaltens so gut erforscht sind, dass Persönlichkeit künstlich geformt werden kann, vergleichbar mit der plastischen Chirurgie am Körper.

DIE NEUE PHRENOLOGIE

Die Phrenologie war eine im frühen 19. Jahrhundert weitverbreitete Idee und Lehre, nach der die menschliche Schädeloberfläche durch „Gehirnorgane" geformt wird, die bestimmte Persönlichkeitsmerkmale hervorbringen. Phrenologen vermaßen Schädel, um Charaktereigenschaften zu ermitteln. Ironischerweise war der Niedergang der Phrenologie weitgehend auf die Entdeckung echter funktioneller Gehirnzentren zurückzuführen. Mittlerweile haben Neurowissenschaftler herausgefunden, dass aus der Größe bestimmter Hirnareale Persönlichkeitsmerkmale abgeleitet werden können, doch anstelle eines Porzellankopfes verwenden heutige Forscher hoch entwickelte medizinische Bildgebungsverfahren.

Verändert sich die Persönlichkeit im Laufe der Zeit?

→ Im Kindesalter und während der Adoleszenz wird das neuronale Netz des Gehirns dramatisch umstrukturiert. Das kann ausgeprägte Persönlichkeitsänderungen bewirken. Im Erwachsenenalter bleibt die Persönlichkeit meist relativ stabil, abgesehen von den gelegentlichen Turbulenzen, die das Leben mit sich bringt.

Während der ersten drei Lebensjahre sind die Gehirne von Kleinkindern enormen Wandlungsprozessen unterworfen. Neuronale Bahnen wachsen, werden ausgedünnt und neu verschaltet, bis sich die Persönlichkeit wie eine in Stein gehauene Skulptur herausgebildet hat. Diese bleibt dann weitgehend stabil bis zur Pubertät, in der die meisten jungen Menschen plötzliche, oft dramatische Persönlichkeitsveränderungen durchlaufen, die auch unsoziales Verhalten bewirken können.

Jugendliche ringen nun mit einer grundlegenden Umstrukturierung ihres Gehirns, die mit destabilisierenden sozialen und sexuellen Entwicklungen einhergeht. Diese Veränderungen werden bei beiden Geschlechtern durch Testosteron verursacht, das die Nervenbahnen besonders formbar macht, sodass Verbindungen leicht hergestellt und wieder aufgelöst werden können. Dadurch kann sehr schnell Neues gelernt und Altes vergessen werden, was sich in plötzlichen Geschmacks- und Verhaltensänderungen äußert sowie in unbeständigen Freundschaften und Hobbys. Bereits gefasste Ideen werden verworfen, neue Ideen ausprobiert und dann ebenso schnell wieder für etwas anderes fallen gelassen. Die Emotionen laufen auf Hochtouren: Die Stirnlappen sind noch nicht vollständig „online", weil ihre Nervenbahnen noch nicht ganz von Myelin umhüllt sind, der fetthaltigen Substanz, die den effizienten Fluss von Elektrizität durch das Hirngewebe ermöglicht. Bei Erwachsenen moderieren vollständig myelinisierte Frontallappen impulsives Verhalten. Ohne diese Kontrollinstanz verstärken sich Persönlichkeitsmerkmale wie Risikobereitschaft und Pessimismus. Bei Teenagern kann dies zu gefährlichem oder kriminellem Verhalten führen. Doch am Ende des Tunnels ist Licht: Im Alter von etwa 25 Jahren sind die Frontallappen voll funktionsfähig, und die Persönlichkeit ist mehr oder weniger gefestigt. Danach gehen Veränderungen meist subtil und langsam vonstatten, es sei denn, einer Person widerfährt ein dramatisches Lebensereignis oder eine Hirnverletzung.

Und es kommt noch besser. Langzeitstudien deuten darauf hin, dass sich die Persönlichkeit mit der Zeit tendenziell verbessert. Mit zunehmendem Alter werden Menschen extrovertierter, emotional stabiler, umgänglicher und gewissenhafter. Psychologen reden hier vom „Reifeprinzip".

TEENAGERANGST

Jugendliche sind besonders anfällig für seelische Störungen, da ihr Gehirn in der Pubertät massiv umstrukturiert wird, was vorübergehend destabilisierend wirkt. Aufschäumende Sexualhormone weichen sonst stabile neuronale Verbindungen auf und rütteln so am geistigen Gerüst, das Überzeugungen, Gewohnheiten und die Identität eines Menschen stützt. In dieser Zeit ist man leicht ablenkbar und beeinflussbar, und eine Neigung zu Pessimismus oder Sorgen kann sich schnell zu Depressionen oder Angstzuständen auswachsen. Äußere Belastungen wie die Covid-Pandemie und das Mobbing in sozialen Netzwerken erhöhen das Risiko, junge Menschen aus der Bahn zu werfen.

Haben neurodiverse Menschen andere Gehirne als die anderen?

→ Alle Gehirne sind verschieden. Der Überbegriff Neurodiversität bringt die Einzigartigkeit aller Gehirne zum Ausdruck, darunter auch die von Menschen mit auffällig untypischem Verhalten.

Selbst der normalste Mensch tut oder sagt gelegentlich etwas, das aus der Reihe fällt. So gesehen sind wir alle neurodivergent. Manche Menschen (nach aktuellen Schätzungen etwa jeder Fünfte) verhalten sich jedoch anhaltend so ungewöhnlich, dass sie auch als neurodivergent eingestuft werden. Es gibt Hunderte entsprechender Kategorien, und selbst Obdachlosigkeit wurde in die neueste Ausgabe des *Diagnostic and Statistical Manual of Mental Disorders* (Diagnostischer und statistischer Leitfaden psychischer Störungen) aufgenommen. Neurodivergente Zustände werden im Allgemeinen als kontextspezifisch, klinisch oder erworben klassifiziert. Eine kontextspezifische Neurodiversität bereitet in der Regel Schwierigkeiten in einem oder mehreren kognitiven Bereichen wie Sprache, Motorik oder Rechnen. Beispiele sind Legasthenie (Lese-Rechtschreib-Schwäche), Dyspraxie und Dyskalkulie (Rechenschwäche). Sie gelten nicht als Gesundheitsstörungen. Zur klinischen Neurodiversität gehören die Aufmerksamkeitsdefizit-Hyperaktivitätsstörung (ADHS), die Autismusspektrumsstörung (ASS), das Tourette-Syndrom und geistige Behinderungen. Sie alle werden als Behinderungen eingestuft. Erworbene Neurodiversität umfasst neurologische Störungen, die das Verhalten oder die Wahrnehmung beeinträchtigen und die auf eine Krankheit, Verletzung oder ein psychisches Trauma zurückzuführen sind. Sie können vorübergehend oder dauerhaft sein.

Bildgebende Untersuchungen des Gehirns zeigen, dass bei fast jeder Art von Neurodivergenz anatomische oder funktionelle Anomalien des Gehirns vorliegen. Anomalie bedeutet jedoch nicht unbedingt „schlecht", sondern lediglich, dass das Gehirn einer Person auf eine Weise vernetzt ist, die sie nicht optimal für das Funktionieren in der normalen Gesellschaft ausstattet. So können sich Menschen mit Lese-Rechtschreib-Schwäche in unserem wortbasierten Bildungssystem sehr schwer- tun, doch in einem System, das auf visuellem oder auditivem Lernen basiert, können sie hervorragende Leistungen erbringen. Menschen mit Autismus haben oft Schwierigkeiten in einem sozialen Umfeld, das intuitive Reaktionen auf Emotionen erfordert, dabei können sie in anderen Bereichen hoch talentiert sein. Selbst Menschen, die aufgrund eines Schlaganfalls einen Gehirnschaden erlitten haben, profitieren bisweilen davon: So verlor ein Mann nach einem Schlaganfall in der rechten Gehirnhälfte gänzlich seinen charakteristischen Pessimismus und war danach unbeirrbar wohlgelaunt.

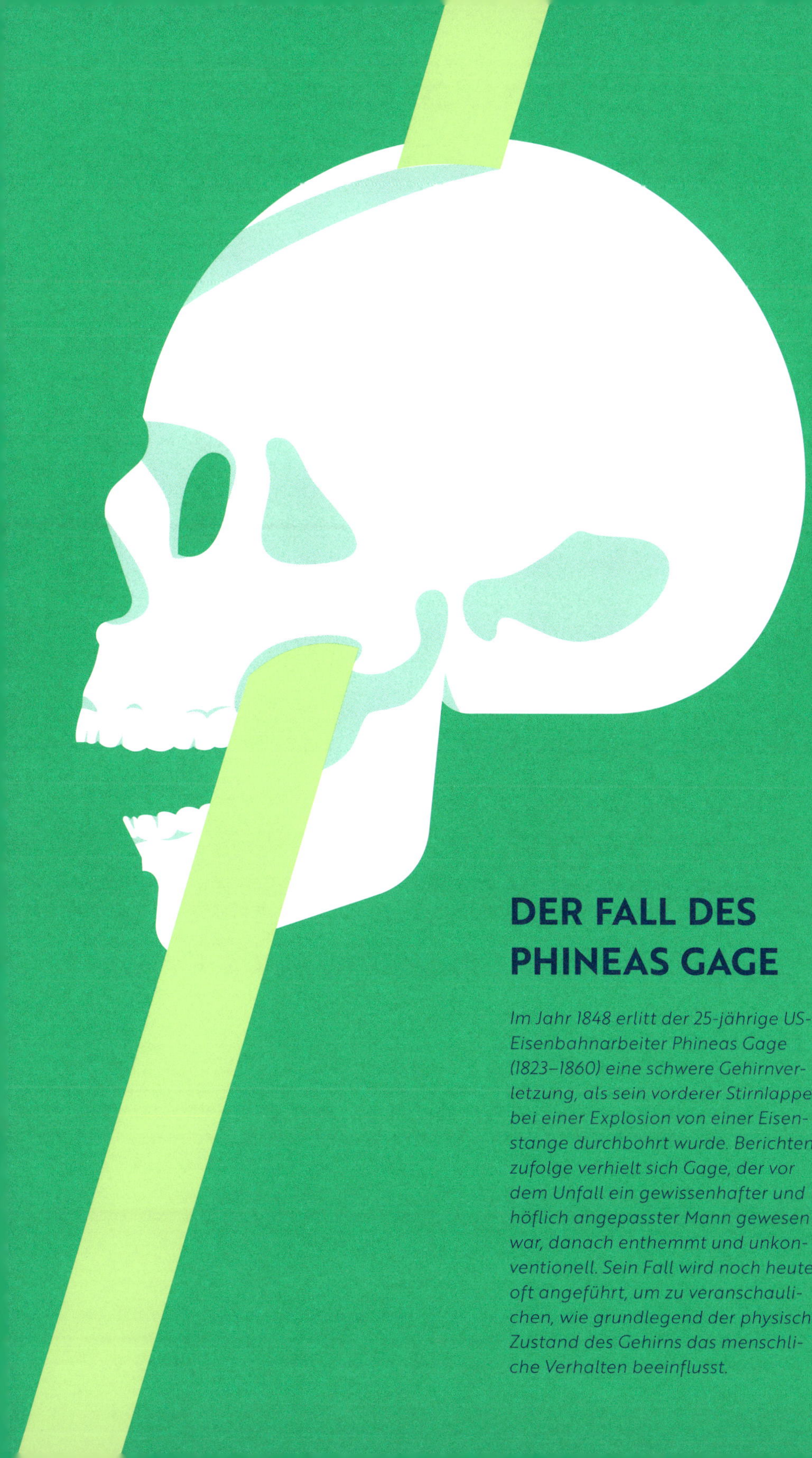

DER FALL DES PHINEAS GAGE

Im Jahr 1848 erlitt der 25-jährige US-Eisenbahnarbeiter Phineas Gage (1823–1860) eine schwere Gehirnverletzung, als sein vorderer Stirnlappen bei einer Explosion von einer Eisenstange durchbohrt wurde. Berichten zufolge verhielt sich Gage, der vor dem Unfall ein gewissenhafter und höflich angepasster Mann gewesen war, danach enthemmt und unkonventionell. Sein Fall wird noch heute oft angeführt, um zu veranschaulichen, wie grundlegend der physische Zustand des Gehirns das menschliche Verhalten beeinflusst.

Können neurodivergente Menschen ein normaltypisches Verhalten „erlernen"?

→ Bei Kindern mit Aufmerksamkeitsstörungen normalisiert sich die Aufmerksamkeit mit fortschreitender Hirnreife oft und viele neurodivergente Menschen lernen, neurotypisches Verhalten nachzuahmen.

Neurodivergentes Verhalten kann direkt betroffenen Personen und anderen Menschen Probleme bereiten, selbst wenn keine medizinische Einschränkung vorliegt. Menschen mit Legasthenie verpassen oft Lernmöglichkeiten, denn Wissen wird häufig schriftlich vermittelt. Menschen im autistischen Spektrum sehnen sich bisweilen nach engeren sozialen Kontakten und bleiben davon ausgeschlossen, weil sie ungewöhnliche Interessen haben oder sich nicht normaltypisch verhalten, und Kinder mit Aufmerksamkeitsstörungen, insbesondere in Kombination mit Hyperaktivität, werden für scheinbar vorsätzliches Stören bestraft. In solchen Fällen ist es für neurodivergente Menschen vorteilhaft, wenn sie lernen, ihr Verhalten zumindest zeitweise an ihre Umwelt anzupassen.
Inwieweit dies gelingen kann, hängt vom Typ und dem Grad der Neurodiversität ab, sowie von der Hilfestellung, die Betroffene erhalten. Neurodivergente Störungen, bei denen eine Person Schwierigkeiten mit konkreten kognitiven Aufgaben wie Lesen oder Mathematik hat, können durch speziellen Unterricht minimiert werden, je früher, desto besser. Menschen mit einer diagnostizierten Gehirnanomalie können „normales" Verhalten lernen, wenn sie verstehen, wie sie sich davon unterscheiden. Menschen im autistischen Spektrum können beispielsweise die Gesichtsausdrücke anderer Menschen studieren, daraus ableiten, was diese fühlen, und somit lernen, wie sie darauf reagieren müssen.
Sogar das Tourette-Syndrom, bei dem Menschen wiederholte unwillkürliche Bewegungen oder Äußerungen tätigen, kann manchmal kontrolliert werden. Die sogenannten Ticks treten auf, wenn es den Stirnlappen nicht gelingt, starke motorische Signale zu unterdrücken. Die Funktion der Stirnlappen wird jedoch bei konzentrierter Aufmerksamkeit hochgefahren. Wenn die betroffene Person lernt, sich zu konzentrieren, können die Ticks aufhören. Viele Musiker, Künstler und sogar Chirurgen mit Tourette-Syndrom verhalten sich während der Arbeit normal.
Erworbene Neurodiversität, die durch ein Hirntrauma oder eine Hirnverletzung verursacht wurde, kann durch therapeutische Maßnahmen verbessert werden. Sind beispielsweise die Sprachzentren der linken Gehirnhälfte betroffen, kann den entsprechenden Bereichen in der rechten Gehirnhälfte beigebracht werden, ihre Aufgabe zu übernehmen.

MODULATION DES GEHIRNS

Einige Formen von Neurodiversität können durch eine direkte Stimulation des Gehirns mit elektrischem Strom oder magnetischen Impulsen verändert werden. Bei der transkraniellen Gleichstromstimulation (tDCS) wird ein winziger elektrischer Strom durch die Schädeldecke ins Gehirn geleitet, wo er den Informationsfluss zwischen den Neuronen moduliert.

Diese direkte Stimulation kann die meisten kontextspezifischen sowie viele klinische und erworbene Einschränkungen verbessern, darunter motorische, Sprach- und Aufmerksamkeitsstörungen sowie einige Aspekte von Autismus. Diese nichtinvasive Technik ist zwar gut erforscht, aber sie ist noch wenig bekannt und wird selten angewendet.

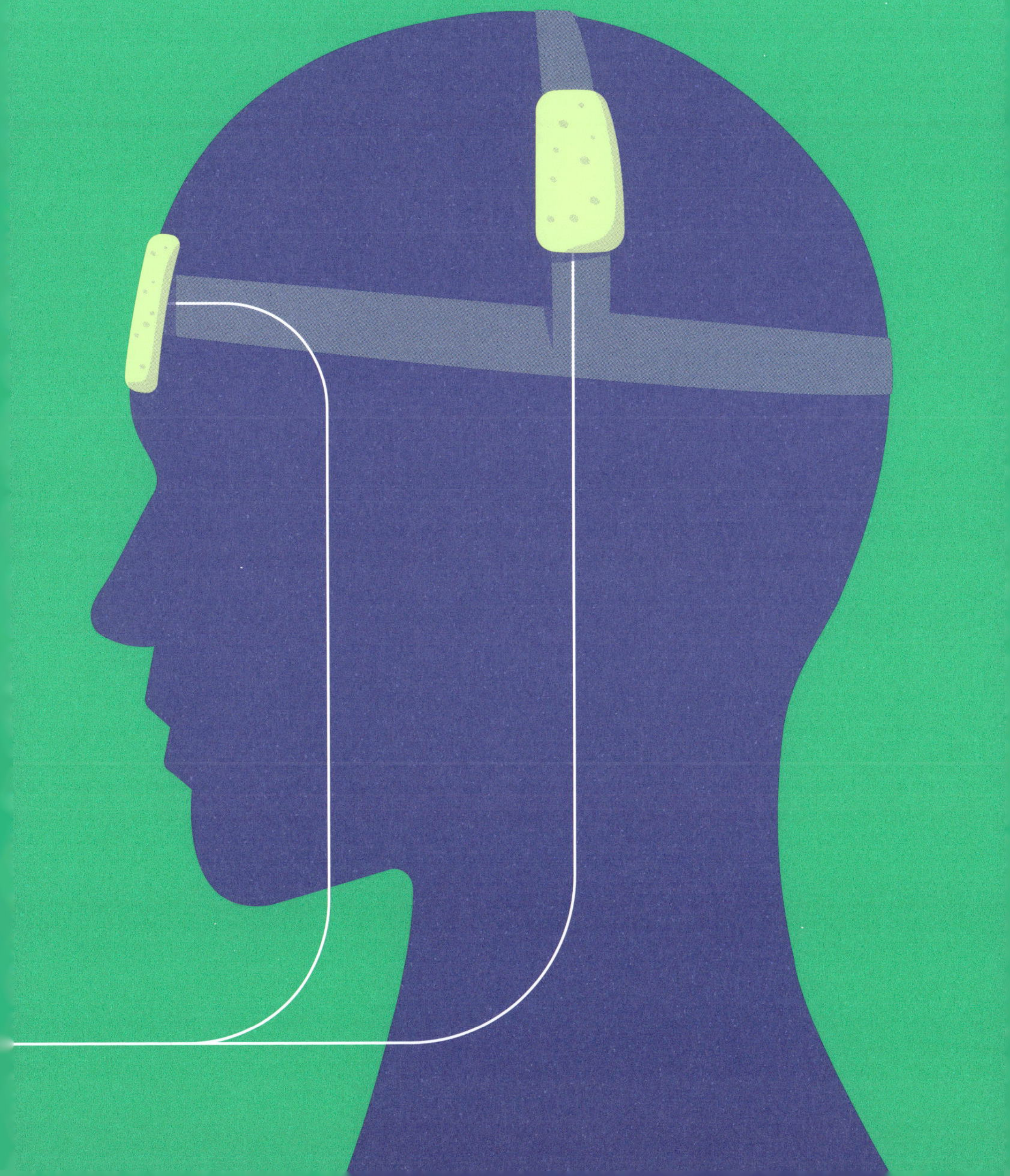

Kann mein Gehirn ein anderes Geschlecht haben als mein Körper?

→ Das ist möglich. Das körperliche Geschlecht und die Geschlechtsidentität sind weitgehend vor der Geburt angelegt. Dahinter steckt ein komplizierter, genetisch ausgelöster hormoneller Prozess. Manchmal werden dabei im Körper und Gehirn unterschiedliche Geschlechter ausgeprägt.

Alle Föten würden sich ohne weitere Einwirkungen weiblich entwickeln. Wenn ein Fötus jedoch das typisch männliche Y-Chromosom anstelle des zweiten X-Chromosoms besitzt, lösen seine Gene die Produktion von Testosteron aus, welches dann seinen Körper männlich ausprägt.
In der vierzehnten Schwangerschaftswoche hat der Fötus männliche Keimdrüsen und Genitalien entwickelt. Weibliche Föten lösen keine Testosteronproduktion aus und entwickeln stattdessen etwa in der elften bis zwölften Woche Eierstöcke.
Später, im letzten Trimester der Schwangerschaft, bewirken die Gene der Jungen weitere Testosteronausschüttungen, die hauptsächlich auf das Gehirngewebe wirken. Interessanterweise wird das Testosteron im Gehirn des Fötus in Östrogen umgewandelt. Dort gestaltet es jedoch das Nervengewebe so um, dass es später im Leben ein typisch männliches Verhalten erzeugt. Teile des Hypothalamus, der Amygdala und anderer hauptsächlich limbischer Strukturen werden so verändert, dass sie zukünftig besonders empfindlich auf hormonelle Reize reagieren. Die Amygdala wird so konditioniert, dass sie Herausforderungen eher aggressiv als beschwichtigend begegnet, und der Hypothalamus wird darauf vorbereitet, die Libido zu steigern. Subtilere Veränderungen erzeugen das innere Gefühl, ein Mann zu sein, und damit die männliche Geschlechtsidentität.
Die Auswirkungen dieser vorgeburtlichen „Vermännlichung" zeigen sich deutlich in der Pubertät, wenn der Körper des Kindes erneut mit männlichen Hormonen überschwemmt wird.
Die Tatsache, dass die Vergeschlechtlichung von Körper und Gehirn in getrennten Prozessen stattfindet, bedeutet, dass ein männlicher Körper mit nicht vermännlichtem und damit weiblichem Gehirn entstehen kann. Ebenso kann das Gehirn eines weiblichen Fötus im Mutterleib vermännlicht werden. Wie dies geschieht, ist kaum bekannt. Einige Studien deuten darauf hin, dass das Testosteronbad der späten Schwangerschaft unterdrückt werden kann, wenn die Mutter besonders gestresst ist oder bestimmte Medikamente einnimmt.
Bestimmte Auswirkungen vorgeburtlicher Geschlechtsprägung können im späteren Leben rückgängig gemacht werden. Grundsätzlich ist es einfacher, körperliche als geistige Geschlechtsmerkmale zu verändern.

DAS GESCHLECHTSSPEKTRUM

Verschiedenen Studien zufolge, darunter auch die von Swaab und Garcia-Falgueras am Netherlands Institute for Neuroscience, lassen sich das biologische Geschlecht und die Geschlechtsidentität nicht in zwei eindeutige Kategorien von männlich und weiblich zwängen. Vielmehr befinden wir uns alle irgendwo auf verschiedenen Spektren der sexuellen Identität. Das biologische Geschlecht wird durch robuste genetische Prozesse bestimmt, doch etwa 1,7 Prozent der Babys werden sowohl mit sichtbaren weiblichen als auch männlichen Merkmalen geboren. Schätzungsweise zwei- bis dreimal so viele Menschen haben eine Psyche und damit vermutlich ein Gehirn, das keine stereotyp männlichen oder weiblichen Erfahrungen und Verhaltensweisen hervorbringt. Die „Genderbread"-Person von Sam Killermann ist ein beliebtes Modell für das Verständnis geschlechtlicher Komplexität.

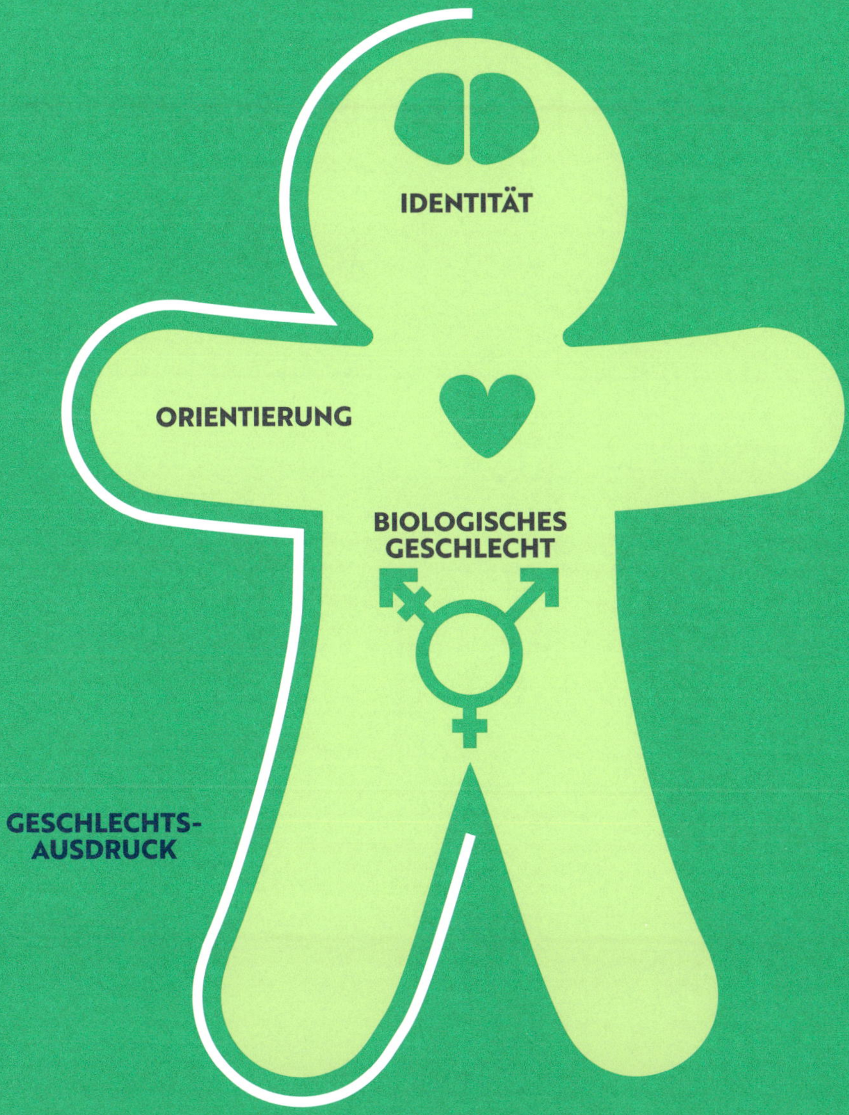

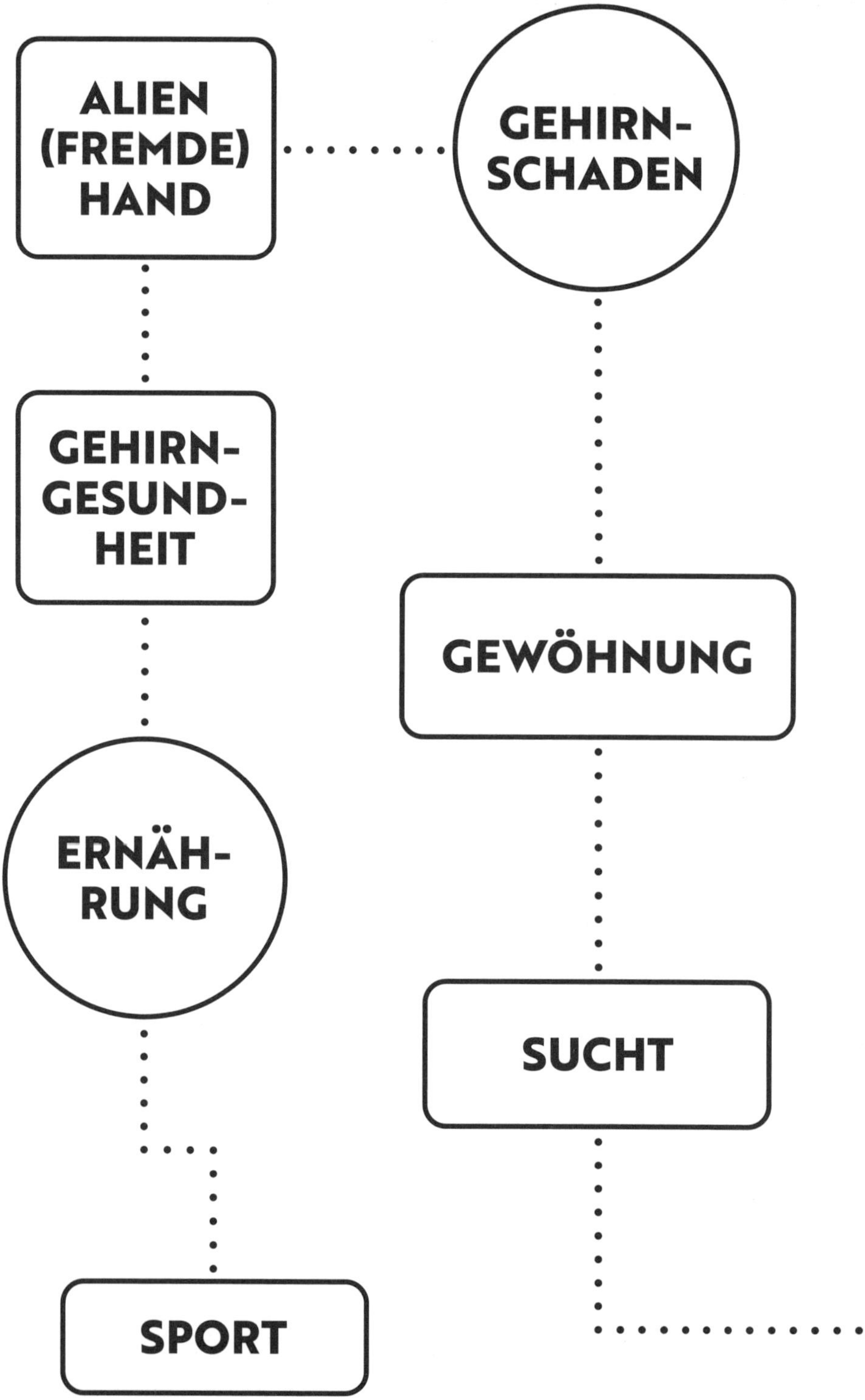
ALIEN (FREMDE) HAND
GEHIRN-SCHADEN
GEHIRN-GESUND-HEIT
GEWÖHNUNG
ERNÄH-RUNG
SUCHT
SPORT

KAPITEL 7

GEHIRN-FITNESS

SEELISCHE GESUNDHEIT

DEMENZ

ALZHEIMER-KRANKHEIT

DROGEN

NOOTROPIKA

EINLEITUNG

Das bewusste Erleben ist so einzigartig auf der Welt, dass man kaum glauben mag, ein physisches Organ stecke dahinter. Wahrnehmungsfähigkeit, Verstand und Erinnerungsvermögen hängen von der reibungslosen Funktion des Gehirns ab, und deshalb müssen wir es gesund halten, genau wie den Rest unseres Körpers auch.

Wir können viel dafür tun, dass unser Gehirn ein Leben lang funktionstüchtig bleibt. Vor allem gesunde Ernährung, Bewegung und die richtige geistige Beanspruchung beugen Schlaganfällen sowie Mini-Schlaganfällen, die bestimmte Formen der Demenz verursachen, vor. Sogar die Alzheimer-Krankheit kann bis zu einem gewissen Grad ferngehalten werden.

Gesunde Gehirne erzeugen keinen Dauerzustand der Leichtigkeit und Freude. Unser Gehirn ist darauf ausgelegt, sich an die Umwelt anzupassen, und oft empfinden wir unangenehme Gefühle wie Sorgen, Traurigkeit und Erschöpfung. Als Reaktion auf eine Not- oder Ausnahmesituation kann uns das Gehirn anregen, uns Sorgen zu machen, damit wir eine Sache überdenken, anstatt uns von ihr abzuwenden.

Ebenso kann es uns demotivieren, um zu verhindern, dass wir uns unnötig verausgaben. Wenn sich die Situation wieder normalisiert, sollte auch das Gehirn zur Normalität zurückkehren.

Manchmal bleibt das Gehirn jedoch im Notfallmodus stecken, obwohl es längst keinen Grund mehr dafür gibt. Dauerstress, ein schlimmer persönlicher Verlust oder soziale Traumata können das Gehirn seiner Regenerationsfähigkeit berauben, und psychische Erkrankungen wie **DEPRESSIONEN** oder **ANGSTZUSTÄNDE** sind oft die Folge. Solche Erkrankungen sollten nicht ignoriert werden, denn unbehandelt bewirken sie körperliche Veränderungen, die die Fähigkeit des Gehirns zur Normalität zurückzufinden weiter mindern. Bei den meisten Erkrankungen helfen eine Gesprächstherapie und/oder Medikamente wie Antidepressiva. Tabletten als Mittel zur Linderung psychischer Beschwerden mögen befremdlich erscheinen, doch angesichts dessen, dass eine körperliche Fehlfunktion diese Gefühle verursacht, leuchtet ein, dass eine physische Maßnahme helfen kann.

Dieses Kapitel benennt einige Anhaltspunkte dafür, ob Ausfallerscheinungen wie Vergesslichkeit eine ernste Ursache haben, beispielsweise einen Schlaganfall oder eine Demenz. Wir untersuchen, ob Substanzen wie **NOOTROPIKA** oder Freizeitdrogen die Gehirnleistung verbessern, und wir betrachten die Auswirkungen einer **SUCHT** auf das Gehirn. Dann sehen wir, wie Hirnschäden die Persönlichkeit und das Verhalten einer Person verändern können und ob solche Veränderungen reversibel sind. Abschließend werden alltägliche Gewohnheiten, darunter **KOGNITIVE ÜBUNGEN**, vorgestellt, die zur Gesundheit unseres Gehirns beitragen können.

ÜBERSICHT GEHIRN-FITNESS

GESUNDHEIT

SEELISCHE GESUNDHEIT
Emotionales, psychologisches und soziales Wohlbefinden; umfasst Kognition, Verhalten und Wahrnehmung.

KOGNITIVE ÜBUNG
Mentale Aufgaben und Aktivitäten zur Mobilisierung und Stärkung des Gehirns durch Bildung neuronaler Verbindungen und Durchblutungssteigerung des Gehirns.

NOOTROPIKA
Sogenannte „intelligente Drogen", die angeblich die Intelligenz oder kognitive Leistungsfähigkeit verbessern.

MÜ-REZEPTOREN (MOR)
Opioidrezeptoren, die Euphorie auslösen und die Reaktion des Körpers auf Schmerzen regulieren.

GEWÖHNUNG
Zweite Suchtkomponente. Erlerntes Bedürfnis etwas zu konsumieren, um die Homöostase aufrechtzuerhalten.

ERWORBENE TOLERANZ
Abnehmende Empfindlichkeit für Substanzen oder Tätigkeiten, die dazu führt, dass man mehr davon braucht, um denselben Reiz oder Effekt zu erzielen. Geschieht bei einer Sucht.

DEPRESSION
Anhaltende Niedergeschlagenheit mit Pessimismus und Symptomen wie Lethargie, Schlaf- und Appetitstörungen. Unbehandelt kann es dem Gehirn zunehmend schwerer fallen, Freude zu empfinden.

SUCHT
Wiederholtes und/oder kontinuierliches Ausüben einer zunächst als angenehm empfundenen Aktivität, obgleich sie negative Auswirkungen auf das Leben hat. Besteht aus drei Komponenten: Verlangen, Gewöhnung und Toleranz.

ANGSTZUSTÄNDE
Erhöhte Besorgnis oder Furcht. Wenn keine objektiv nachvollziehbare Bedrohung existiert, können sie als Störung angesehen werden.

ERKRANKUNG

DEMENZ
Beeinträchtigung des Gedächtnisses und der kognitiven Fähigkeiten aufgrund von Degeneration des Gehirngewebes; tritt mit zunehmendem Alter häufiger auf.

SCHLAGANFALL
Absterben von Gehirnzellen aufgrund einer Verstopfung oder eines Risses eines Blutgefäßes. Kleine Schlaganfälle sind häufig, führen jedoch langfristig zu Demenz; schwere Schlaganfälle sind lebensbedrohlich und erfordern eine Notfallbehandlung.

ALZHEIMER-KRANKHEIT
Häufigste Form der Demenz. Kennzeichnend sind Proteinablagerungen im Gehirn, die die Informationsübertragung zwischen den Zellen beeinträchtigen.

AMYLOID-PLAQUES
Proteinablagerungen, die die Signalübertragung zwischen Zellen an den Synapsen blockieren. Können Zellen des Immunsystems aktivieren, die Entzündungen auslösen und geschädigte Zellen zerstören; ein typisches Merkmal der Alzheimer-Krankheit.

ALZHEIMER-FIBRILLEN
Abnormale Formen von Tau-Proteinen, die sich als Bündel innerhalb von Neuronen ansammeln. Kennzeichen der Alzheimer-Krankheit.

GAMMA-AMINOBUTTERSÄURE (GABA)
Neurotransmitter, der die neuronale Erregbarkeit hemmt, um eine normale Kognition aufrechtzuerhalten.

NEURONEN

Deuten seelische Störungen auf eine Gehirnerkrankung hin?

→ Meistens nicht. Das Spektrum der seelischen Störungen lässt sich auf ungewöhnliche neuronale Aktivitäten zurückführen, die auch in vollkommen gesunden Gehirnen stattfinden. Allerdings können physische Hirnschäden verschiedene Störungen des Gemüts auslösen.

Das Gehirn hat sich dazu entwickelt, unser Überleben zu sichern, und nicht, damit wir uns gut fühlen. Unangenehme mentale Zustände wie Dysphorie (Missmut), Traurigkeit und Furcht sind Gefühle, die durch Emotionen hervorgerufen werden. Diese körperlichen Veränderungen halfen Menschen einst, Gefahrensituationen zu überleben, anzugreifen oder vor Raubtieren zu fliehen. Für derart starke Emotionsschübe gibt es heute kaum mehr Anlass, aber das Gehirn produziert sie weiterhin. Genetische Faktoren, Erfahrungen oder meist eine Kombination davon machen das Gehirn mancher Menschen besonders anfällig für quälendes Grübeln, Antriebslosigkeit, Panikattacken, zwanghaftes Verhalten, Ängste, verlassen zu werden, und alle anderen der rund 300 psychischen Probleme, die derzeit im diagnostischen Handbuch der Psychiatrie, dem Diagnostic and Statistical Manual (DSM), aufgeführt werden.

Sich schlecht zu fühlen ist an sich keine Störung, aber wenn Gefühle ohne erkennbaren Grund auftreten, nach dem Verschwinden der Ursache anhalten bzw. so ausgeprägt sind, dass sie das normale Leben beeinträchtigen, werden sie zur psychischen Störung. Das DSM und verschiedene andere zertifizierte Tests geben Kriterien zur Diagnose. Beispielsweise muss laut DSM eine Person mindestens fünf Symptome, darunter eine gedrückte Stimmung, über einen Zeitraum von mindestens zwei Wochen aufweisen, um als klinisch depressiv diagnostiziert zu werden. Die Behandlung von psychischen Störungen ist nicht immer erfolgreich, aber es ist wichtig, Hilfe zu suchen, wenn man glaubt, ein psychisches Problem zu haben.

Unbehandelte Gemütsstörungen können das Leben unerträglich machen und die Rückkehr zur Normalität zunehmend erschweren. Langfristige Depressionen verändern beispielsweise die Anatomie des Gehirns. Bildgebende Untersuchungen haben bei Menschen mit langjähriger Depression eine Schrumpfung mehrerer Gehirnbereiche festgestellt, insbesondere im Bindegewebe des Belohnungssystems und im Hippocampus. Einige dieser Veränderungen sind möglicherweise auf einen Überschuss an Stresshormonen zurückzuführen, der auch bei chronischen Angstzuständen auftritt. Schließlich kann das Gehirn nicht mehr normal auf positive Reize reagieren, was wiederum das ursprüngliche Problem aufrechterhält.

SEELISCHE STÖRUNGEN ABBILDEN

Psychische Probleme wie Stimmungsschwankungen und von der Norm abweichendes Verhalten sind manchmal auf Schäden der Hirnstruktur zurückzuführen. Die Ursache ist meist ein identifizierbares Ereignis wie ein Schlaganfall oder eine Kopfverletzung. Das kann durch ein MRT sichtbar gemacht werden, die den Zustand des weichen Körpergewebes abbildet. Auch „funktionelle" Störungen, bei denen das Gehirn organisch gesund ist, aber nicht normal arbeitet, werden manchmal sichtbar. So zeigt sich in den Gehirnen depressiver Menschen häufig eine verminderte Aktivität im Belohnungssystem.

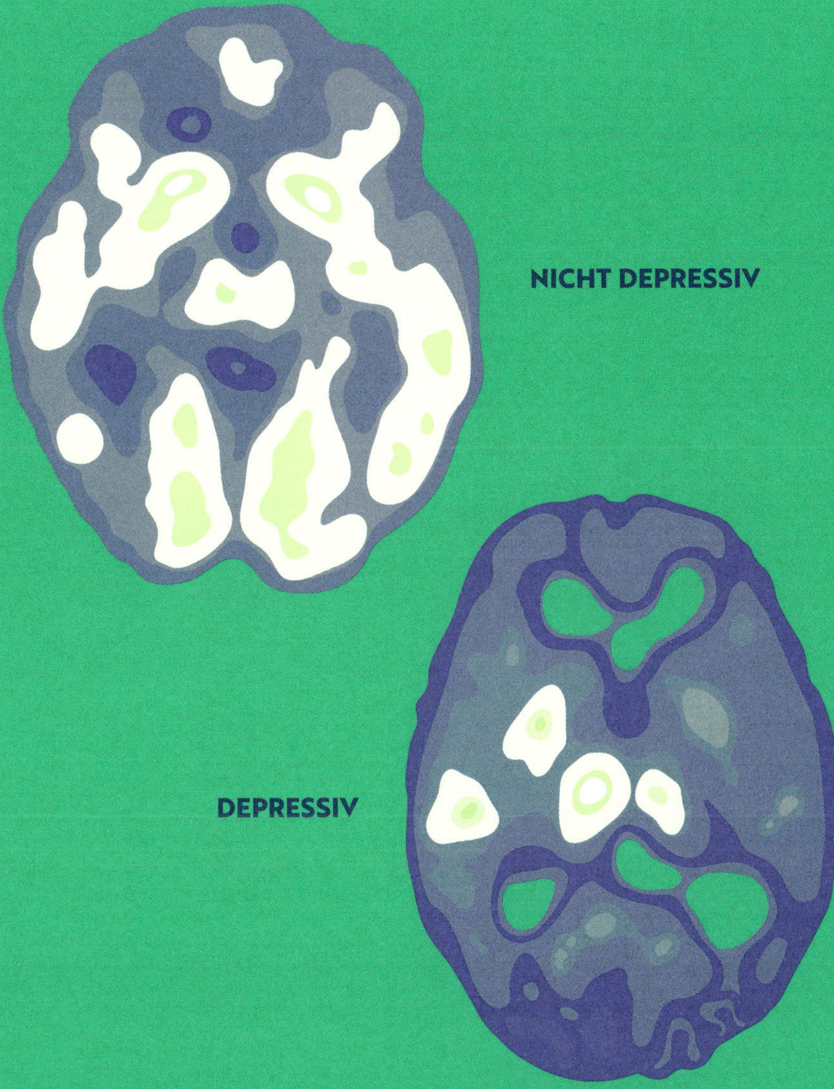

Wie kann man Vergesslichkeit und frühe Demenz unterscheiden?

→ Nur schwer. Die ersten Anzeichen einer Demenz lassen sich leicht übersehen. Meist wird eine Diagnose erst gestellt, wenn Gedächtnislücken die Alltagsfähigkeit beeinträchtigen.

Wir alle verlegen manchmal den Schlüssel oder vergessen Namen. Auch in ein Zimmer zu gehen und sich dann zu fragen, was man dort eigentlich wollte, ist nicht unüblich, besonders im etwas fortgeschrittenen Alter. Was aber, wenn sich solche Vorkommnisse häufen? Wie erkennt man, ob es sich um erste Anzeichen einer Demenz handelt?

Es gibt verschiedene Arten von Demenz, die sich geringfügig unterschiedlich äußern. Das Gedächtnis ist dabei stets betroffen, aber die Demenzform, die sich zuerst und am deutlichsten durch Vergesslichkeit bemerkbar macht, ist die Alzheimer-Krankheit.

Gedächtnisprobleme, die so anhaltend sind, dass sie nicht länger als vorübergehende Ausfälle durchgehen, können ein Anzeichen dafür sein. Weitere Symptome sind Schwierigkeiten beim Planen, die Unfähigkeit, vertraute Aufgaben wie Teekochen zu erledigen, zeitliche und räumliche Verwirrung sowie vormals unbekannte Probleme beim Lesen und Schreiben.

Es ist möglich, wenn auch sehr unwahrscheinlich, bereits in den Dreißigern an Alzheimer zu erkranken. Vergesslichkeit in diesem Alter hat meist Ursachen wie Stress, Übermüdung, Nebenwirkungen von Medikamenten und Drogen oder eine völlig andere Erkrankung. Im Alter von 65 Jahren zeigt jedoch jeder Zehnte Anzeichen von Alzheimer und jenseits des 85. Lebensjahres wird bei einem Drittel der Menschen die Krankheit diagnostiziert. Ein besonderes Risiko geht von bestimmten Genmutationen aus.

Eine Multiinfarkt-Demenz, bei der mehrere kleine Schlaganfälle das Gehirn mit winzigen Flecken abgestorbenen Gewebes übersäen, kann der Alzheimer-Krankheit sehr ähnlich sehen. Sie tritt in der Regel hauptsächlich in den Frontallappen auf und führt oft bereits im Frühstadium zu Persönlichkeitsveränderungen.

Man könnte meinen, dass eine Krankheit mit bekannten genetischen Risikofaktoren und scheinbar klarer Ursache und bekanntem Verlauf leicht zu erkennen und zu behandeln wäre. Leider ist dies nicht der Fall. Gehirn-Scans und Bluttests können Proteinablagerungen aufzeigen und Medikamente die Krankheit verlangsamen, aber eine Heilung gibt es derzeit nicht.

ALZHEIMER-KRANKHEIT

Alzheimer ist eine degenerative Gehirnerkrankung. Typisch sind Ablagerungen gehirnschädigender Amyloid- und Tau-Proteine. Letztere sammeln sich in Bündeln sogenannter Alzheimer-Fibrillen innerhalb der Nervenzellen an, während sich die Amyloid-Plaques zwischen den Nervenzellen bilden. Diese verlieren dadurch allmählich ihre Kommunikationsfähigkeit und sterben ab. Teile des Gehirns schrumpfen, ausgehend vom Hippocampus, was zu Gedächtnisstörungen führt.

GESUNDES GEHIRN

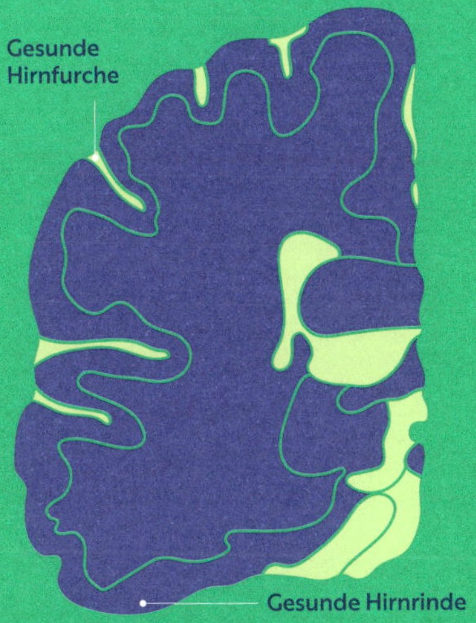

GESUNDE NERVENZELLE

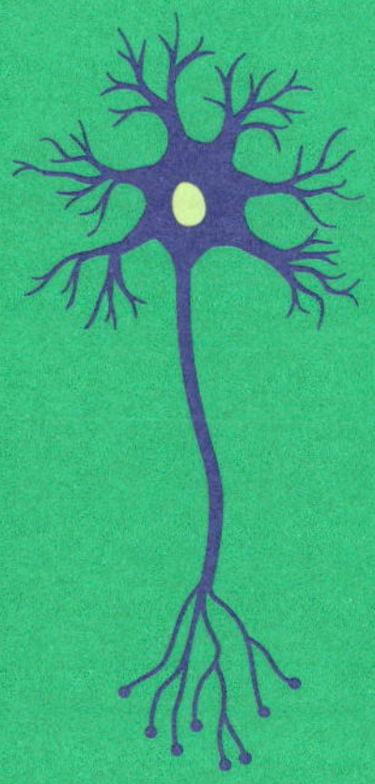

ALZHEIMER-GEHIRN

ERKRANKTE NERVENZELLE

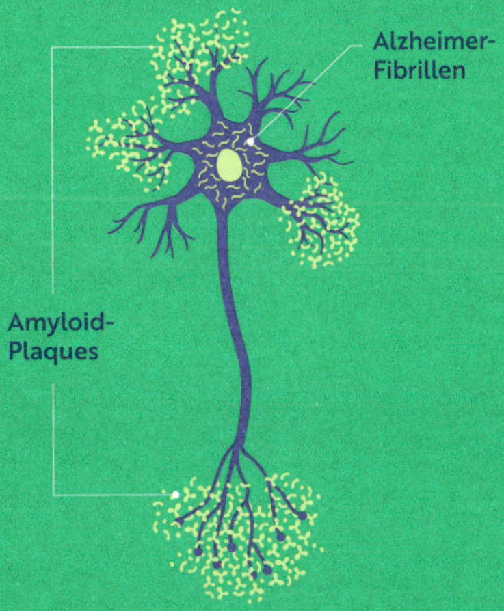

Können Medikamente die Hirnfunktion verbessern?

→ Von Hunderten Substanzen wird behauptet, sie „machen schlau" oder seien „Doping" fürs Gehirn. Wenn das so einfach wäre, gäbe es Genies wie Sand am Meer.

Zu den Nootropika gehören Nahrungsergänzungsmittel und Medikamente, aber auch Partydrogen wie Kokain und MDMA (Ecstasy). Einige sind nutzlos, andere gefährlich. Wieder andere sind legal, wenn sie vom Arzt verschrieben werden, aber nicht, wenn man sie von Fremden auf der Tanzfläche kauft. Viele dieser Substanzen werden von den Dealern selbst hergestellt und jede Woche kommen neue hinzu. Weil viele Stoffe illegal sind, kann ihre Wirkung nur eingeschränkt erforscht werden und damit verbundene Risiken oder potenziell nützliche Effekte bleiben weitgehend unbekannt. Illegale Drogen durchlaufen nicht die strengen Sicherheitstests, die für pharmazeutische Produkte gelten, und es gibt kaum oder gar keine Qualitätskontrollen oder Dosierungsanleitungen. Deshalb ist der Konsum von Freizeitdrogen ziemlich riskant.

Die meisten Hirndrogen wirken, oder so wird behauptet, indem sie den Spiegel von Noradrenalin, Dopamin, γ-Aminobuttersäure (GABA) und/oder Serotonin erhöhen oder deren Wirkung verstärken. Die Wirkung dieser Neurotransmitter unterscheidet sich je nach der Hirnregion, auf die sie wirken. Eingenommene Substanzen haben ebenfalls unterschiedliche Wirkungen, je nachdem, wo sie aktiv werden. Kognitive Verstärker wirken hauptsächlich auf die Stirnlappen, Halluzinogene auf die sensorischen Bereiche im hinteren Gehirn und beruhigende Drogen hauptsächlich auf das limbische System.

Amphetamine etwa erhöhen die Noradrenalin-, Dopamin- und Serotoninspiegel der Stirnlappen, wodurch Aufmerksamkeit und Konzentrationsvermögen gesteigert werden. Diese Klasse von Medikamenten wird Kindern mit einer Aufmerksamkeitsdefizit-Hyperaktivitätsstörung (ADHS) verschrieben, weil sie deren Impulshandlungen hemmen. Bei Menschen ohne ADHS können sie kurzzeitig kognitive Fähigkeiten steigern, aber eine wiederholte Einnahme kann zur Sucht führen sowie zu Herz- und psychiatrischen Problemen.

MDMA überschwemmt die Stirnlappen des Gehirns mit Dopamin und löst für einige Stunden Glücksgefühle aus, denen anschließend ein entsprechender Absturz folgt. Modafinil ist ein Medikament für Menschen mit Narkolepsie und ADHS. Es steigert ebenfalls die Konzentration und Wachsamkeit und scheint relativ wenige Nebenwirkungen zu haben, dennoch ist es verschreibungspflichtig.

Einige Antidepressiva steigern kognitive Fähigkeiten, andere dämpfen sie, oft abhängig von der genetischen Veranlagung des Einzelnen. Die meisten wirken erst nach Wochen und müssen gegebenenfalls langfristig oder für immer eingenommen werden, um Rückfälle zu vermeiden.

NAHRUNGSER-GÄNZUNGSMITTEL

Dutzende von Nahrungsergänzungsmitteln verbessern angeblich die Gehirnfunktion, aber nur wenige davon wurden in unabhängigen Studien konsequent getestet. Von vielen wird behauptet dass sie wirken, indem sie die allgemeine Gesundheit verbessern, vor allem das Herz-Kreislaufsystem. Das Gehirn benötigt zweifellos eine gute Ernährung und eine ununterbrochene Blutversorgung, aber gesunde Menschen können ihm ausreichend Vitamine, Mineralstoffe, Fischöle und dergleichen liefern, indem sie viel frisches Obst verzehren, dazu Gemüse, Vollkornprodukte, Olivenöl sowie Eiweiß vom Huhn oder Fisch.

Kann alles süchtig machen?

Wenn es Spaß macht, ja. Alles, was eine prompte und ausgeprägte chemische Freudenwelle im Gehirn auslöst, hat ein Suchtpotenzial. Je nach Auslöser kann dieses jedoch unterschiedlich stark sein.

Bestimmte Substanzen wirken direkt auf das Gehirn. Kokain setzt eine Flut von Dopamin frei, was angenehme Erregung hervorruft. Opioide wie Heroin binden sich an μ-Opioidrezeptoren in den Gehirnzellen und lösen Euphorie aus; Alkohol erhöht unter anderem den Spiegel des Neurotransmitters GABA, der Angstzustände hemmt.
Bestimmte Aktivitäten wie Shopping, Sex oder Glücksspiel bewirken indirekt ähnliche Veränderungen im Gehirn. Entscheidend ist die Intensität der Belohnung und wie prompt sie erfolgt. Glücksspiel hat dann das größte Suchtpotenzial, wenn Wetten unmittelbar wie am Spielautomaten belohnt werden. Das Gehirn verknüpft das Setzen der Wette mit der Belohnung, weil beide fast zeitgleich stattfinden, und der Wiederholungsdrang wird nicht durch Enttäuschungen gemindert. Viele Produkte und Konsumgüter wie zuckerhaltige Snacks sind so konzipiert, dass sie fast unmittelbar ein Hochgefühl auslösen.
Genuss wird zur Sucht, wenn ein Vergnügen sich negativ auf das Leben auswirkt, man ihm aber trotzdem weiterhin nachgeht. Eine Sucht beinträchtigt die geistig-seelischen Voraussetzungen zur normalen Lebensführung und kann soziale Risiken bergen. Außerdem können Suchtmittel auf verschiedene Weise die körperliche Gesundheit schädigen.
Wenn sich angenehme Erlebnisse ständig wiederholen, vermindert das Gehirn unser Belohnungsempfinden. Schließlich besteht seine Aufgabe darin, uns am Leben zu erhalten, und wer ständig berauscht ist, wird diesbezüglich kaum die besten Entscheidungen treffen. Ständige, schnelle Glücksgefühle reduzieren die Anzahl der Glückshormon-Rezeptoren. Am Ende steht die Gewöhnung. Wer dennoch einen Kick haben will, muss immer mehr von dem konsumieren oder tun, was diesen auslöst.
Weniger Rezeptoren bedeuten, dass das Freudeempfinden allgemein reduziert wird, das normale Leben verflacht sich und der „Absturz", der dem „Hoch" unweigerlich folgt, kann schwer wiegen. Der Körper braucht dann möglicherweise das Suchtmittel oder -verhalten, nur um sich normal zu fühlen. Das Verlangen danach kann so intensiv werden, dass alles andere in den Hintergrund tritt.

SOCIAL MEDIA-SUCHT

Die sozialen Medien werden zunehmend als Suchtrisiko anerkannt. Professor Ofir Turel von der California State University glaubt, dass bis zu jeder fünfte US-Bürger süchtig nach Internettechnologie ist. Turel fand heraus, dass die Gehirne von Menschen, die übermäßig soziale Medien nutzen, zum Teil die gleichen anatomischen Veränderungen aufweisen wie Drogenabhängige, darunter eine geschrumpfte graue Substanz in Bereichen des Belohnungssystems. Die Ergebnisse deuten darauf hin, dass diese Gehirne das Belohnungsempfinden heruntergefahren haben.

Kann ein Gehirnschaden die Persönlichkeit verändern?

→ Wenn eine Gehirnregion außer Funktion gesetzt wird, äußert sich das in dem Verhalten, das dort und möglicherweise auch in anderen Hirnarealen gebildet wird. Das Gehirn kann sich jedoch sehr gut neu verkabeln und die Änderung könnte nur vorübergehender Natur sein.

Persönlichkeiten werden durch genetische Veranlagung und Lebenserfahrungen geprägt. Allerdings können selbst tiefe und beständige Charakterzüge wie Geduld oder Extrovertiertheit in Sekunden durch einen schweren Schlaganfall oder einen Schlag auf den Kopf verändert werden. Die meisten Menschen, die einen Schlaganfall erleiden, berichten von einer Veränderung ihrer Persönlichkeit. Apathie, Angstzustände, Depressionen und Reizbarkeit werden am häufigsten genannt, zusammen mit einem nachlassenden Interesse an Sex oder, seltener, einem gesteigerten sexuellen Appetit. Die Veränderungen können vorübergehend sein, manchmal verdrahtet sich das Gehirn neu und frühere Verhaltensmuster kehren zurück.

Die Auswirkungen einer Hirnschädigung hängen davon ab, wo sie eintritt und wie schwer sie ist. Alle Teile des Gehirns arbeiten zusammen, sodass die Auswirkungen einer Verletzung selten eindeutig sind. Im Allgemeinen beeinträchtigen jedoch Verletzungen des Stirnlappens das Urteilsvermögen, die Entscheidungsfindung sowie Emotionen und ihre Hemmung – alles Aspekte der Kognition, die eng mit der Persönlichkeit verbunden sind. Befinden sich der Schlaganfall oder die Verletzung an der Seite des Stirnlappens im dorso-lateralen präfrontalen Kortex, kann die betroffene Person das Interesse an Dingen verlieren, die ihr zuvor Spaß gemacht haben, sie kann Schwierigkeiten haben, Anweisungen zu befolgen oder subtile und abstrakte Zusammenhänge zu verstehen. Eine Schädigung des vorderen (orbitofrontalen) Bereichs kann die Hemmschwelle senken und eine vorsichtige und höfliche Person impulsiv oder gar aggressiv machen. Emotionaler Kontrollverlust, plötzliche Wutausbrüche oder eine untypische Gleichgültigkeit gegenüber anderen Menschen können die Folge sein. Weiter unten, im ventro-medialen Bereich, kann eine Schädigung des Gehirns zu ungewöhnlichen moralischen Entscheidungen führen. Wenn sie vor eine theoretische Entscheidung gestellt werden, bei der entweder Fremde oder geliebte Menschen zu Schaden kommen, lassen Menschen mit einer Schädigung in diesem Bereich eher emotionale Faktoren außer Acht und wählen die Option, die der Mehrheit zugutekommt.

ALIEN-HAND-SYNDROM

Eines der seltsamsten Verhaltensprobleme, das nach einer Hirnverletzung auftreten kann, ist das sogenannte Alien-Hand-Syndrom. Eine Hand führt eine gewollte Handlung aus, während die andere sofort das Gegenteil tut. So berührte ein Mann das Gesicht seiner Frau, um sie zu küssen, und die andere Hand schlug zu. In einem anderen Fall wählte eine Frau ein Kleidungsstück aus ihrem Schrank aus und ihre „fremde" Hand warf es auf den Boden.

Wie kann ich mein Gehirn fit halten?

→ Zunächst sollte man es physisch gesund halten so wie jeden anderen Teil des Körpers auch. Außerdem profitiert das Gehirn von speziellen Übungen.

Das Gehirn ist ein hungriges Organ, das auf eine konstante Nährstoffversorgung durch das Blut angewiesen ist. Um es gesund zu halten, sollte man vor allem dafür sorgen, dass nichts den Blutfluss behindert. Dazu muss man auf Herz und Kreislauf achten, was eine gesunde Ernährung und körperliche Bewegung erfordert.
Drei Ernährungsweisen können nachweislich den kognitiven Abbau verzögern. Die traditionelle Diät der europäischen Mittelmeerländer ist reich an Obst und Gemüse, Vollkornprodukten, Bohnen, Nüssen, Samen und Olivenöl. Fisch, Geflügel und Milchprodukte werden in Maßen verzehrt, rotes Fleisch nur selten.
Eine strengere Version dieser Diät, der Diätische Ansatz zum Stopp von Hochdruck (DASH) wurde zur Senkung des Blutdrucks entwickelt. Eine Kombination aus beiden – die sogenannte MIND-Diät – wurde zur Demenzprävention entwickelt. Sie legt den Schwerpunkt auf Beeren und grünes Blattgemüse wie Spinat und Grünkohl.

Der andere wichtige Bestandteil einer gesunden Lebensweise fürs Gehirn ist Bewegung. Auch hier gilt der Grundsatz, was gut fürs Herz ist, nützt auch dem Gehirn. Man muss keinen Marathon laufen, bereits zwanzig Minuten zügiges Gehen an vier Tagen pro Woche hält den Kreislauf in Schwung.
Darüber hinaus braucht das Gehirn auch kognitive Bewegung. Das bedeutet, sich sozial zu engagieren, Neues zu lernen und sich geistigen Herausforderungen zu stellen. Je mehr es beansprucht wird, desto stärker wird das Gehirn. Wenn es aktiv ist, insbesondere, wenn es Neues lernt, baut es neuronale Verbindungen auf und legt wie ein Muskel Substanz zu. Aktive Neuronen ziehen Blut an, sodass geistige Betätigung dazu beiträgt, sie am Leben zu erhalten. Und wenn sich dennoch eine Demenz entwickelt, muss die Krankheit mehr Gewebe zerstören, bevor die Symptome schwerwiegend werden.

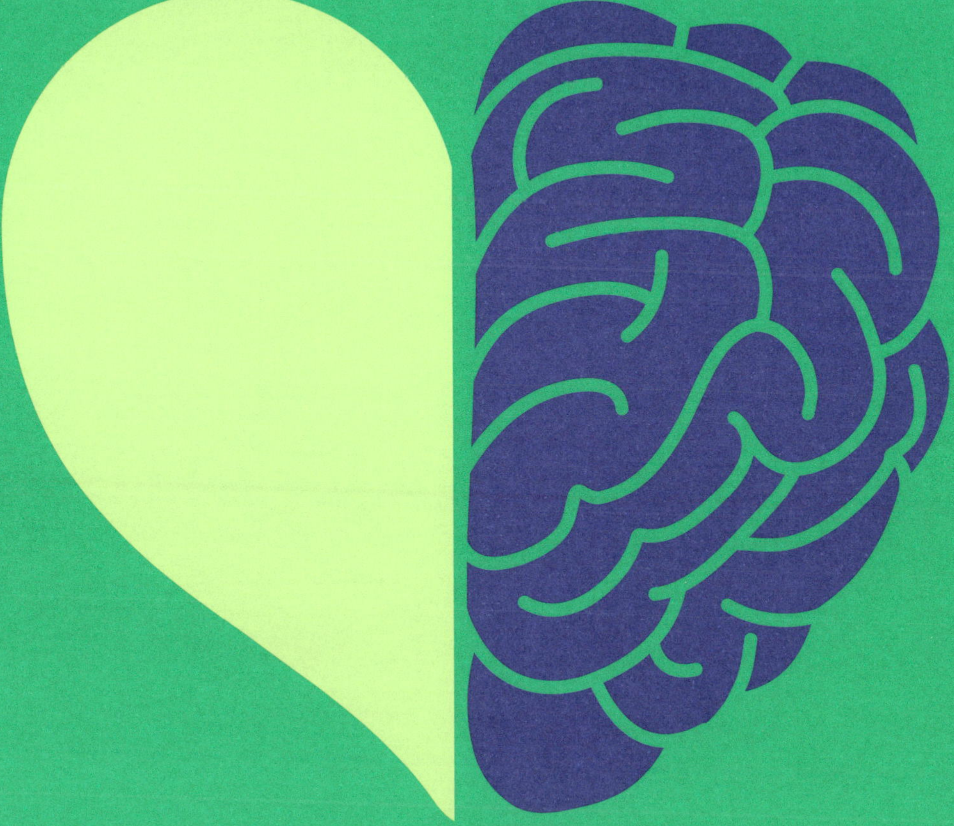

GESUNDE LEBENSWEISE FÜRS GEHIRN

Das beste Mittel für ein gesundes Gehirn ist ein gesundes Herz. Die mediterrane Ernährung hält Herz und Blutgefäße gesund, aber es gibt keine einzelnen magischen Zutaten. Ein wenig Rotwein ist in Ordnung, aber Alkohol ist generell nicht gut. Soziale Kontakte sind wohl besonders förderlich für geistige Vitalität, ebenso das Erlernen neuer Dinge. Im Erwachsenenalter werden nur selten neue Nervenzellen ausgebildet, doch das dazwischenliegende Gewebe, das Informationen im Gehirn transportiert, vergrößert sich durch geistige Aktivität.

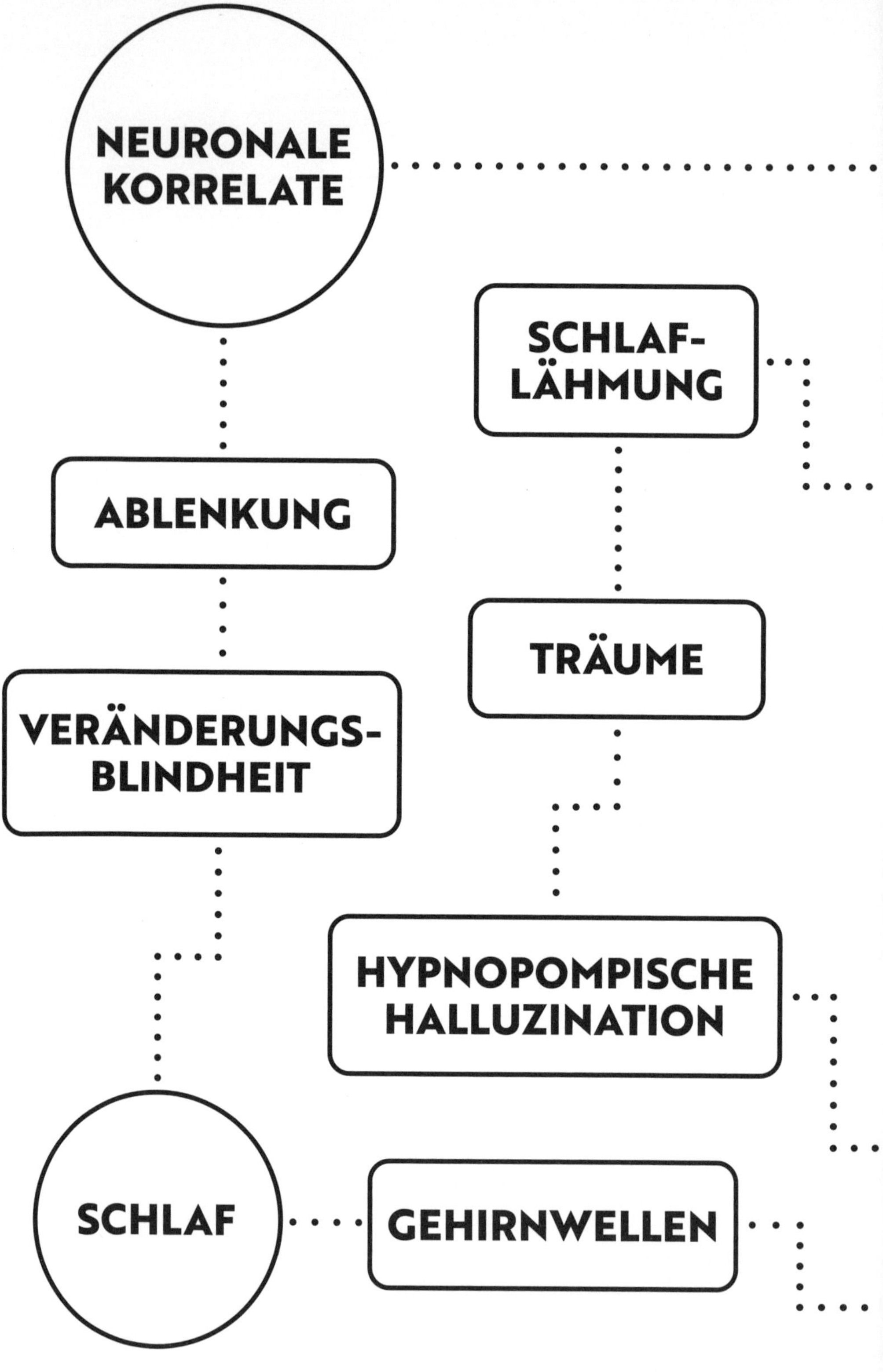
NEURONALE KORRELATE
SCHLAF-LÄHMUNG
ABLENKUNG
TRÄUME
VERÄNDERUNGS-BLINDHEIT
HYPNOPOMPISCHE HALLUZINATION
SCHLAF
GEHIRNWELLEN

KAPITEL 8

BEWUSSTSEIN

BEWUSSTSEINS-ZUSTÄNDE

VERÄNDERTE BEWUSSTSEINS-ZUSTÄNDE

MEDITATION

KÜNSTLICHE INTELLIGENZ

HYPNAGOGISCHE ILLUSION

EINLEITUNG

Unser Bewusstsein selbst bleibt uns oft unbewusst, weil wir darin aufgehen wie in der Luft, die wir atmen. Sobald wir jedoch geistig einen Schritt zurücktreten, werfen sich faszinierende Fragen auf: Was ist es eigentlich, dieses Bewusstsein? Diese scheinbar simple Frage ist der Kern des sogenannten Körper-Geist-Problems, das die Menschheit seit Beginn der Geschichtsschreibung beschäftigt, womöglich sogar schon länger. Als sich die Philosophie im 19. Jahrhundert von den Naturwissenschaften abspaltete, beanspruchten beide Disziplinen das Problem für sich, und ein gepflegter Streit um seine Lösung dauert bis heute an.

Vor einem Vierteljahrhundert ging der führende Neurowissenschaftler Christof Koch (geb. 1956) eine Wette mit dem damals noch jungen Philosophen David Chalmers (geb. 1966) ein. Koch glaubte, dass die Hirnforschung bis 2023 ein klares und vollständiges Modell des Bewusstseins erstellt haben würde. Chalmers, dessen eigener Theorie zufolge das Bewusstsein genau wie Zeit und Raum ein wesentlicher Bestandteil des materiellen Universums ist, glaubte, das Rätsel könne nie allein durch die Untersuchung des Gehirns gelöst werden. Seither hat die Wissenschaft zahlreiche **NEURONALE KORRELATE** des Bewusstseins entdeckt, also Gehirnaktivitäten, die **BEWUSSTSEINSZUSTÄNDE** kennzeichnen. Allerdings ergibt sich daraus noch längst kein vollständiges Modell, und so gewann Chalmers die Wette.

Auch wenn die harte Nuss der Bewusstseinsfrage noch nicht geknackt wurde, hat sich die Wissenschaft intensiv mit unzähligen „einfachen" Problemen befasst. Dabei wurden erstaunliche Einsichten gewonnen. Unsere nächste scheinbar einfache Frage ist, ob wir uns unserer Umgebung bewusst sind. Schließen wir die Augen und stellen uns präzise Fragen dazu. Liegt etwas auf dem Boden? Wenn ja, wo genau und wie? Ist ein Bücherregal in der Nähe? Ist es gefüllt? Gibt es Vorhänge und können wir ihr Muster genau beschreiben? Nachdem wir diese

Fragen beantwortet haben, schauen wir uns um. Wahrscheinlich haben wir überschätzt, wie sehr wir uns unserer Umgebung bewusst sind und selbst die scheinbar einfache Frage danach, was wir bewusst wahrnehmen, berührt komplexere Sachverhalte als gedacht.

Und was passiert, wenn das Bewusstsein schwindet, wie während der **SCHLAFPHASEN**? Wie werden unsere Lebensfunktionen aufrechterhalten? Was geschieht beim Träumen? Unsere Augen sind geschlossen, und unser Körper befindet sich in **SCHLAFLÄHMUNG**, doch unser Verstand entführt uns in fantastische Abenteuer. In **HYPNAGOGISCHEN ILLUSIONEN** und **HYPNOPOMPISCHEN HALLUZINATIONEN** sehen und fühlen wir Dinge so lebendig wie im Wachzustand. Wie können wir uns all dessen bewusst sein, obwohl unsere Sinnesorgane praktisch ausgeschaltet sind? Was passiert und wie reagiert unser Gehirn darauf, wenn wir durch Meditation oder Drogenkonsum einen **VERÄNDERTEN BEWUSSTSEINSZUSTAND** herbeiführen?

Dieses Kapitel befasst sich mit diesen und anderen Fragen und untersucht einige merkwürdige Antworten darauf.

AKTIVITÄT

NEURONALE BEWUSSTSEINSKORRELATE

Gehirnaktivitätsmuster, die auftreten, wenn eine Person angibt, bei Bewusstsein zu sein.

GEHIRNWELLEN

Synchronisierte elektrische Impulse von Neuronengruppen. Mit einem EEG wird die Frequenz gemessen, mit der die Neuronen feuern.

KLARTRÄUME

Wacher Bewusstseinszustand, in dem weiterhin eine Traumwelt halluziniert wird. Kann mit einem Gefühl der Lähmung, der Anwesenheit einer Person oder des Festgehaltenwerdens einhergehen.

MIKROTUBULI

Winzige Proteintunnel, die durch alle Zellen einschließlich der Neuronen verlaufen. Sie sind an der Zellformung beteiligt und wirken am Transport essenzieller Stoffe für die Aufrechterhaltung neuronaler Aktivität mit.

SCHLAFLÄHMUNG

Ein biologischer „Schalter", der während des Schlafs die motorischen Signale vom Gehirn zum Körper blockiert.

METABOLITEN

Abfallprodukte des Stoffwechsels. Diese können sich im Gehirn ansammeln und zu Ablagerungen beitragen, wie bei bestimmten Formen der Demenz.

SCHLAFPHASEN

Es gibt vier Schlafphasen: N1, 2 und 3 sowie REM (Rapid Eye Movement oder Traumschlaf). Jede Phase ist durch typische Gehirnströme gekennzeichnet.

CEREBROSPINALFLÜSSIGKEIT

Fließt im und um das Gehirn und das Rückenmark, um vor Verletzungen zu schützen und Nährstoffe zu liefern; spült Stoffwechselprodukte aus, während wir schlafen.

GLUTAMAT

Wichtigster exzitatorischer Neurotransmitter des Gehirns und des Nervensystems. In einem normalen Gehirn wird er innerhalb enger Grenzen gehalten: Zu viel kann zum Absterben von Nervenzellen führen, zu wenig verhindert eine normale Wahrnehmung.

DENKEN

VERÄNDERTE BEWUSSTSEINSZUSTÄNDE

Abnormale Bewusstseinszustände, meist in Verbindung mit ekstatischen Gefühlen außerhalb des normalen Erfahrungsbereichs, die durch Drogenkonsum oder Meditation herbeigeführt werden können.

MEDITATION
Mentale Disziplin, bei der der Praktizierende seine Aufmerksamkeit lenkt, in der Regel auf den Atem, ein Mantra, die Stille oder den gegenwärtigen Moment. Dadurch soll ein erhöhter Bewusstseinszustand erreicht werden.

TURING-TEST
Vom Mathematiker Alan Turing entwickelter Test, der bestimmen soll, ob ein Computer menschengleich denken kann. Dazu soll ein Mensch einschätzen, ob er mit einer Maschine oder einem anderen Menschen interagiert.

DEFAULT MODE NETWORK (DMN)
Ein Schaltkreis im Gehirn, der aktiv wird, wenn man ziellos grübelt. Dient eher der Selbstreflexion als nach außen gerichteter Aufmerksamkeit.

HYPNAGOGISCHE ILLUSIONEN
Kurze, lebhafte Bilder, die im Bewusstsein auftauchen, wenn wir einschlafen, und manchmal etwas wiederholen, was wir zuvor getan haben. Sie verblassen normalerweise, wenn wir in die N1-Schlafphase eintreten.

HYPNOPOMPISCHE HALLUZINATIONEN
Treten häufig auf, wenn wir aus einem Schlafzyklus erwachen. Sie ähneln hypnagogischen Phänomenen, werden jedoch meist zunehmend kohärent, da sich das Gehirn eher beschleunigt als verlangsamt.

SCHLAF

Worin besteht das „schwierige" Problem des Bewusstseins?

→ Das Bewusstsein ist notorisch dafür, dass es sich unserem Zugriff entzieht. Niemand weiß, woher es kommt oder was es ist, doch immerhin wissen wir etwas über die Gehirnaktivitäten, die es zustande bringen.

Das Bewusstsein ist anders als alles, was wir sonst kennen. Man kann es nicht anfassen, sehen, messen oder verorten, und bis vor Kurzem galt es weithin als unerreichbar für die Wissenschaft. In den letzten 30 Jahren konnten Forschende jedoch in Bildern nachvollziehen, was in bewusst arbeitenden Gehirnen vor sich geht. Technologien wie fMRT (funktionelle Magnetresonanztomografie), PET (Positronen-Emissions-Tomografie) und EEG (Elektroenzephalografie) ermöglichten es, neuronale Aktivitäten zu beobachten und gleichzeitig die Versuchspersonen zu ihren Erfahrungen zu befragen. So können die Beobachtungen mit vielen Aspekten des Bewusstseins abgeglichen werden.
Als diese Forschungsarbeiten 1995 begannen, definierte der australische Philosoph und Kognitionswissenschaftler David Chalmers (geb. 1966) das Aufspüren neuronaler Korrelate von bewussten Erfahrungen als ein „einfaches" Problem der Bewusstseinsforschung. Andere „einfache" Probleme waren für ihn die Fragen, wie das Gehirn lernt, wie es Emotionen erzeugt und wie es Entscheidungen trifft. Dazu haben die Neurowissenschaften seither brillante Einsichten gewonnen, und sie tun es weiterhin.
Chalmers wies jedoch darauf hin, dass das eigentlich „schwierige" Problem ungelöst bleibt und damit die zentrale Frage, wie ein materielles Universum das scheinbar immaterielle Bewusstsein hervorbringt.
Das Problem ist heute so knifflig wie eh und je, und es gibt viele Theorien dazu. Manche, darunter Chalmers, behaupten, dass das Bewusstsein ein grundlegender Bestandteil des Universums ist, sozusagen „die Kehrseite der Materie". Andere glauben, dass es durch Super-Quantencomputer in den „Mikrotubuli" erzeugt wird, winzigen Elementen jeder Nervenzelle. Mehrere Theorien gehen davon aus, dass besondere anatomische oder funktionale Merkmale des Gehirns entscheidend sind. Wieder andere vertreten die Ansicht von René Descartes, dem berühmten Philosophen des 17. Jahrhunderts. Descartes zufolge ist das Bewusstsein eine Art „geistige Substanz" und das Gehirn fungiert lediglich als Empfänger dafür, ähnlich wie eine Radioantenne. Es gibt auch Menschen, die glauben, dass das Bewusstsein nicht eigenständig existiert, sondern eine Illusion ist. Andere vermuten, dass es quasi aus Komplexität und sozialer Interaktion heraus oder auch rechnerisch „entsteht".

BEWUSSTSEINSZUSTÄNDE

Bewusste Erfahrungen und ihre neuronalen Korrelate variieren stark. Wenn wir zielgerichtet arbeiten, stellt das Muster des Informationsflusses im Gehirn fast genau das Gegenteil von dem dar, welches sich zeigt, wenn wir tagträumen. Bewusstseinszustände lassen sich entlang von drei Achsen darstellen: 1) Aktivität – wie angeregt das Gehirn ist; 2) Selektivität – wie eng oder breit die Aufmerksamkeit ist; 3) Fokus – ob wir unsere Gedanken innerlich bilden oder dazu auf die Außenwelt blicken.

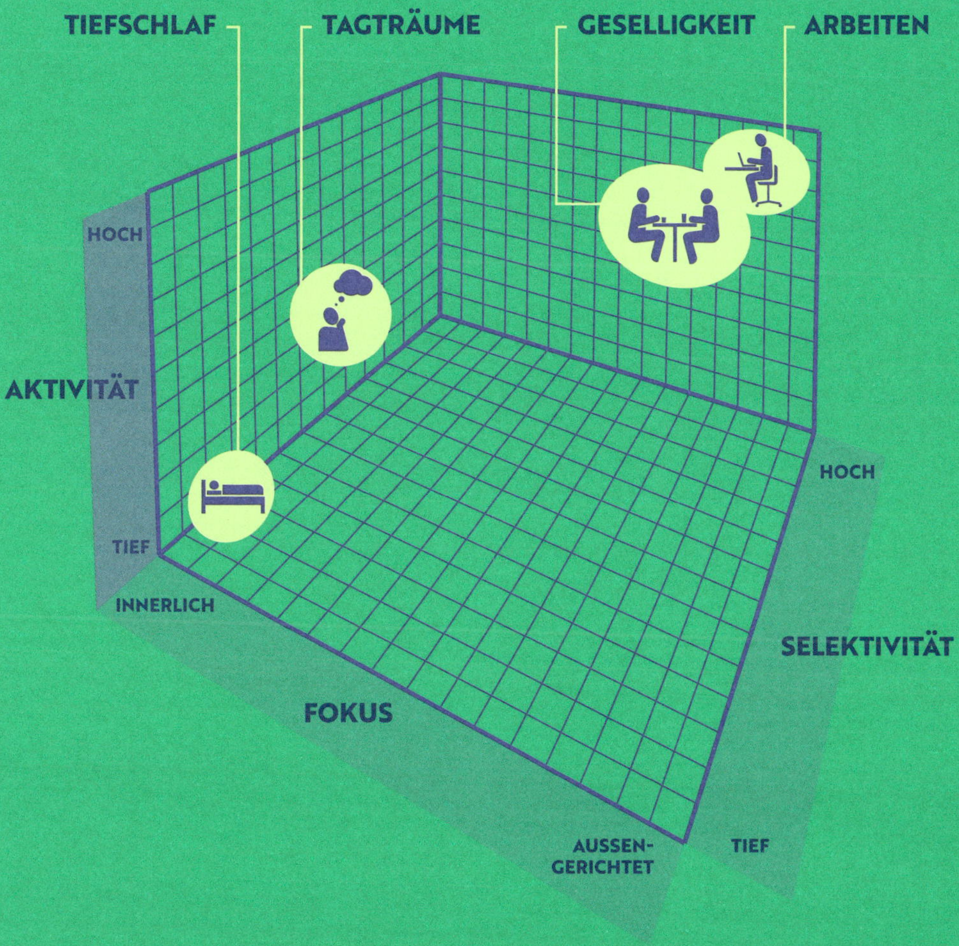

Haben wir im Wachzustand ein umfassendes Bewusstsein?

→ Das Bewusstsein lässt sich mit dem Lichtkegel einer Taschenlampe vergleichen, der sich durchs Dunkel tastet. Er kann weit und trübe sein oder eng und scharf. Dabei erleuchtet er stets nur Ausschnitte und nie das Ganze.

Viele von uns haben sich schon über Zaubertricks gewundert, bei denen Gegenstände vor unseren Augen verschwinden oder sich wie von Geisterhand vor unserer Nase bewegen. Wie konzentriert wir auch hinschauen, die Zustandsveränderung erscheint wie Zauberei. Ironischerweise ist es gerade die Konzentration, die den Trick erst ermöglicht, denn eine Konzentration unserer Aufmerksamkeit bedeutet, dass sie gleichzeitig von allem abgezogen wird, das nebensächlich erscheint. Der Zauberer lenkt uns also mit allerlei Schnickschnack ab, während das eigentliche Vertauschen oder Verschieben des Objekts anderswo stattfindet. Zauberer nennen es Ablenkung, Psychologen bezeichnen es als Unaufmerksamkeitsblindheit. Diese alte Kunst fand bis zum Beginn dieses Jahrhunderts kaum wissenschaftliche Beachtung bis Studien zeigten, dass Menschen, die etwas genau beobachten sollten, Fremdkörper selbst dann meist nicht wahrnehmen, wenn sie direkt vor ihren Augen auftauchen. So bleiben rote Kreise auf einem Computerbildschirm unbemerkt, wenn die Versuchsperson auf schwarze Quadrate achten soll. Das Gleiche gilt für Geräusche: Wenn jemand aufgefordert wird, sich auf eines von zwei gleichzeitig stattfindenden Gesprächen zu konzentrieren, kann der skandalträchtigste Tratsch ausgeblendet werden. Doch nicht immer können wir bewusst entscheiden, worauf wir unsere Aufmerksamkeit richten. Wenn etwa unser Name in einem Gespräch fällt, auf das wir uns nicht konzentrieren, wird unsere Aufmerksamkeit sofort darauf umgelenkt. Obwohl wir uns bis zu diesem Moment der Worte nicht bewusst waren, hat unser Gehirn sie unbewusst registriert, wie so viele Dinge, die um uns herum stattfinden. Erst die Namensnennung hat jedoch unsere Aufmerksamkeit geweckt und das gesamte Gespräch in unser Bewusstsein gerückt.

Die sogenannte Veränderungsblindheit bezeichnet ein ähnliches Phänomen: Wenn wir eine sich bewegende Szene betrachten, glauben wir vielleicht, dass wir alles darin wahrnehmen. Wenn jedoch die Sicht darauf für einen Moment versperrt wird, können uns selbst große Veränderungen entgehen. Das verdeutlicht, wie wenig wir tatsächlich bewusst aufnehmen.

VERÄNDERUNGSBLINDHEITSEXPERIMENT

Für eine Studie zur Veränderungsblindheit luden Forschende der Harvard Universiy Studenten zu einem Experiment ein. Ihnen wurde aufgetragen, sich von einem Mann hinter einem Schalter ein Anmeldeformular zu holen. Als sie ihn danach fragten, ging er in ein Nebenzimmer, um das Formular zu holen und schloss dabei die Tür hinter sich. Sekunden später tauchte eine andere Person in einem andersfarbigen Hemd mit dem Formular auf. 75 % der Studenten bemerkten nicht, dass es sich um eine andere Person handelte.

Hört das Gehirn auf zu arbeiten, wenn wir schlafen?

→ Das Gehirn verlangsamt sich im Schlaf, doch glücklicherweise laufen die lebenswichtigen Funktionen weiter. Wenn wir noch ein paar Halluzinationen dazugeben, ein wenig Gedächtnisbildung, Träume und ein wenig Hausputz, dann wird klar, dass dieses Organ nie wirklich zur Ruhe kommt.

Der Schlaf unterteilt sich in vier Phasen: N1, N2 und N3 sowie den Traum- oder REM-Schlaf. Jede Phase erzeugt charakteristische Gehirnwellen, die anzeigen, wie schnell die Neuronen feuern. Die Impulse werden mit einem EEG gemessen, das diese in der Regel als Spitzen oder horizontale Wellen anzeigt, daher der Name. Normalerweise durchlaufen wir etwa alle 90 Minuten die vier Schlafphasen.

Beim Einschlafen verlangsamen sich die Gehirnströme. In einigen Arealen geschieht das früher als in anderen. Neuronen, die weiter hochfrequente Impulse geben, können kurze, sogenannte hypnagoge Halluzinationen hervorrufen. Manchmal sind das Erinnerungen an etwas, das wir zuvor getan haben. Das Computerspiel Tetris etwa, bei dem es darum geht, herabfallende Formen ordentlich zu stapeln, taucht so häufig in den Hypnagogieberichten von Spielern auf, dass sein Name heute in der wissenschaftlichen Literatur für eine bestimmte Art von Halluzination steht. Hypnagogische Halluzinationen verblassen in der Regel, sobald wir in die N1-Phase eintreten, die leichteste Schlafphase, gekennzeichnet durch Alphawellen im Frequenzbereich von acht bis zwölf pro Sekunde (Hz). Die meisten von uns durchlaufen N1 in etwa fünf Minuten.

Während der folgenden N2-Phase verlangsamt sich die kortikale Gehirnaktivität auf fünf bis acht Hz, man spricht von Thetawellen. Dabei kommt es gelegentlich zu Ausbrüchen schnellerer, lokalisierter Aktivität, die als Schlafspindeln bezeichnet werden. Diese helfen dabei, Erinnerungen potenziell permanent in der Großhirnrinde zu speichern. Die tiefste Schlafphase, N3, erzeugt Delta-Gehirnwellen, die bis zu zwei Sekunden andauern können. Obwohl das Bewusstsein stark gemindert ist, können dennoch starke Emotionen, wie beispielsweise Nachtangst, auftreten. Lebhafte Träume treten im REM-Schlaf auf, wenn das Gehirn sehr aktiv ist.

Wenn wir aus einem Schlafzyklus erwachen, können wir hypnopompische Halluzinationen erleben. Diese ähneln den hypnagogischen Phänomenen, sind jedoch meist kohärenter, da sich das Gehirn eher beschleunigt als verlangsamt.

METABOLITENPUTZ

Im Schlaf finden wichtige Reparatur- und Wartungsprozesse des Körpers statt. Eine der Hauptaufgaben ist die Reinigung des Gehirns. Aktive Gehirnzellen produzieren Metaboliten (Abfallprodukte) die bei den chemischen Reaktionen der neuronalen Impulse anfallen. Wenn diese sich im Gehirn ablagern, werden sie mit bestimmten Arten von Demenz in Verbindung gebracht. Fällt das Gehirn in den Tiefschlaf, wird dieser Abfall mit der Gehirn-Rückenmarksflüssigkeit ausgespült. Dabei könnte es sich um die wichtigste Aufgabe des Schlafs handeln.

Sind Träume bewusst?

→ Absolut. Im Traum sind wir so bewusst wie im Wachzustand. Manche Menschen können sich nicht an ihre Träume erinnern, doch wenn sie deshalb glauben, keine Träume zu haben, irren sie sich.

Viele Menschen behaupten, dass sie selten oder nie träumen, doch das ist ein Irrtum. Praktisch jeder Mensch träumt mehrmals pro Nacht. Traumhandlungen sind oft dramatisch, emotional und voller Empfindungen. Traumerfahrungen weisen eine vergleichbar starke Gehirnaktivität wie ähnliche Erfahrungen im Wachzustand auf.

Seltsamerweise werden Träume jedoch nicht so fest ins Gedächtnis eingeschrieben wie Wacherfahrungen. Der Hippocampus, eine Gehirnstruktur, die für die Kodierung und das Abrufen von Erinnerungen zuständig ist, ist im Traumschlaf sehr aktiv. Häufig verweben Träume zusammenhanglose Episoden aus dem letzten Wachzustand. Dabei scheint der Hippocampus jedoch eher mit dem Abrufen von Erinnerungen beschäftigt zu sein als mit der Kodierung aktueller Erfahrung. Möglicherweise unterstützt er auch die Gedächtniskonsolidierung, also die Verlagerung der jüngsten Wacherfahrungen aus dem Kurzzeitspeicher im Hippocampus in eine permanente Kodierung im Kortex.

Das Gehirn kreiert wunderbar realistische Traumlandschaften, aber die Ereignisse, die darin stattfinden, sind oft bizarr oder unmöglich. Menschen verwandeln sich in andere, Gegenstände tauchen aus dem Nichts auf und das Narrativ ist absurd. Dennoch erscheint uns die Traumwelt oft sehr real, da Gehirnbereiche, die uns normalerweise auf Unstimmigkeiten aufmerksam machen, während des Traumschlafs ausgeschaltet sind. Dazu gehören Teile des Stirnlappens, die uns im Wachzustand bewusst machen, wer und wo wir sind, und die beständig unterbewusst den Wahrheitsgehalt des Erlebten hinterfragen. Gelegentlich erwachen diese frontalen Bereiche während eines Traums, während die halluzinatorische Traumlandschaft weiterbesteht, zusammen mit der neurochemischen Blockade der Motorik, der Schlaflähmung, die verhindert, dass wir unsere Traumbewegungen physisch umsetzen. Dann befinden wir uns in einem sogenannten Klartraum, den wir wie eine virtuelle Realität fortsetzen und sogar steuern können.

SCHLAFPARALYSE

Klarträume können ekstatisch, aber auch erschreckend sein, wenn man nicht weiß, was vor sich geht. Während des Schlafs können Signale aus dem motorischen Bereich des Gehirns blockiert werden, sodass wir uns nicht bewegen können. In diesem Zustand ist es normal, ein Gewicht auf sich zu spüren, als ob jemand auf einem sitzt. Dies gilt als Ursprung der mythologischen Incubusfigur, einem Dämon, der Geschlechtsverkehr mit schlafenden Frauen haben will, sowie seinem weiblichen Pendant, dem Sukkubus.

Was kann einen veränderten Bewusstseinszustand herbeiführen?

→ „Veränderter Bewusstseinszustand" bezieht sich meist auf ein ekstatisches Gefühl außerhalb des normalen Erfahrungsspektrums. Es gibt viele Mittel dazu, doch der sichere und legale Weg dahin ist selten bequem.

Technisch gesehen ist jeder Zustand, in dem das Gehirn auf abnormale Weise funktioniert, verändert. Viele Krankheiten führen zu Veränderungen des Bewusstseinszustands, ebenso Verletzungen, Schocks und manchmal auch außergewöhnliche Ereignisse. Das entstehende Gefühl kann angenehm sein oder das Gegenteil.
Einige veränderte Bewusstseinszustände werden in unterschiedlichem Maße als ekstatisch empfunden. Dazu gehören tiefe Liebe, Verlust des Egos oder Selbsts, Zeitlosigkeit und Freude. Diese Zustände gehen einher mit der Stimulation verschiedener Neurotransmitter-Rezeptoren, darunter die für Glutamat, den wichtigsten erregenden Botenstoff im Gehirn, für Dopamin, das angenehme Vorfreude erzeugt und für das zufriedenmachende Serotonin. Gelegentlich geraten Menschen spontan in Ekstase oder als Reaktion auf einen Auslöser wie Musik, Sex oder Schönheit. Die meisten Menschen müssen jedoch ungewöhnlichere Wege gehen.
Das Gehirn braucht eine starke Anregung, um Ekstase zu erzeugen. Schließlich ist es nicht seine Aufgabe, uns glückselig zu machen, sondern soll unser Raum-, Zeit- und Selbstgefühl aufrechterhalten, damit wir in der so strukturierten Welt effizient agieren können. Die im Buddhismus als „Leiden" bekannten Zustände der Begierde und Unzufriedenheit, des Wettbewerbsdenkens und Verlangens werden vom Gehirn als Motivation dafür erzeugt, dass wir die Bedürfnisse befriedigen, die dem Erhalt unserer Art dienen, so wie Nahrungsaufnahme und Sex.
Für diejenigen, die sich eine Auszeit vom harten Überlebenskampf nehmen und in Glückseligkeit schwelgen möchten, gibt es Mittel und Wege. Der schnellste und gefährlichste ist der Drogenkonsum, etwa von Opioiden wie Heroin oder Morphium, MDMA (Ecstasy) oder von Halluzinogenen wie LSD oder Ketamin. Ungefährlich, aber weit anspruchsvoller, ist es, eine spirituelle Praxis wie die Meditation dauerhaft aufzunehmen.
Es gibt zahlreiche Schulen der Meditation, darunter Zen, transzendentale Meditation, Liebende Güte oder Achtsamkeit. Gehirnstudien haben gezeigt, dass jede dieser Schulen spezifische funktionelle Veränderungen im Gehirn bewirkt. Sie alle reduzieren jedoch die Zeit, die wir im sogenannten „Ruhezustandsnetzwerk" verbringen, den Hirnregionen, die aktiviert werden, wenn wir ziellos und nach innen gewandt grübeln.

MEDITATION

Meditation sollte konsequent praktiziert werden, um in den Genuss aller Vorzüge des veränderten Bewusstseinszustandes zu kommen. Eine Studie aus dem Jahr 2015 von Forschenden der University of California und der Australischen Nationaluniversität deutet darauf hin, dass sie den Alterungsprozess verlangsamen könnte, indem sie in vielen Bereichen des Gehirns der Atrophie vorbeugt, einem Verlust von Nervenzellen und ihren Verbindungen. Hirnatrophie kann bei vielen Gehirnerkrankungen auftreten, darunter auch Alzheimer.

Kann KI das menschliche Gehirn nachbilden?

„KI hat in verschiedenen Bereichen bedeutende Fortschritte gemacht, ist aber noch weit davon entfernt, die volle Funktionalität des menschlichen Gehirns zu replizieren." Das sagt Chat GPT-3, ein Chatbot, der es wissen sollte.

Chat GPT-3 erklärt weiter, dass KI „auf neuronalen Netzwerken basiert, die zwar von der Gehirnstruktur inspiriert sind, aber vereinfachte Abstraktionen derselben darstellen". Dem fügt er hinzu, dass sich komplexere Modelle in Entwicklung befinden. Würden solche Modelle dazu führen, dass KI das menschliche Gehirn repliziert?

KI ist bereits heute nahezu in der Lage, alle unsere intellektuellen Aufgaben besser zu erledigen als wir selbst. Wir haben Geräte in unseren Taschen, die Dutzende von Sprachen „sprechen", blitzschnelle Berechnungen durchführen und uns im Schach schlagen.

Die Gehirnforschung zeigt, dass praktisch all unsere Handlungen als Informationsflüsse dargestellt werden können. Die Annahme scheint also berechtigt, dass unsere Geräte bald in der Lage sein werden, Emotionen zu zeigen, das Verhalten anderer abzuschätzen und darauf zu reagieren, neue Ideen zu entwickeln und neuartige Produkte zu erfinden. Außerdem erscheint unser Gedächtnis geradezu mickrig im Vergleich mit den Online-Daten, die für eine KI verfügbar sind. So kann Chat-GPT auf etwa 70 Milliarden Datenpunkte zugreifen. Doch was ist mit der Lebenserfahrung und dem Bewusstsein, das allem Dasein überhaupt erst Sinn verleiht?

1950 entwickelte der britische Mathematiker Alan Turing den Turing-Test. Dabei interagiert ein menschlicher Fragesteller mit anderen Menschen und einem KI-System, ohne zu wissen, welches Gegenüber die KI ist. Eine Jury bewertet die Konversationen, und wenn sie nicht ermitteln kann, wo das KI-System beteiligt war, hat dieses den Test bestanden. Bislang hat noch kein System den Test unter den von Turing festgelegten formalen Bedingungen bestanden.

Dennoch glauben die meisten Forscher auf diesem Gebiet, dass künstliches Bewusstsein bald Realität sein wird, und manche glauben, dass es bereits existiert. Einige sind der Meinung, dass weitere Forschungen eingestellt werden sollten, damit eine bewusste KI nicht die Macht über die Menschheit an sich nimmt. Viele Menschen, darunter auch KI-Forscher, befürchten sogar, dass eine digitale Intelligenz sich gegen ihre Schöpfer wenden und uns töten könnte. Chat-GPT stellt eindeutig fest, dass er selbst keine solche Gefahr darstellt: „Ich habe keinen persönlichen Zweck und kein eigenes Leben (...) letztendlich wird der Zweck, dem ich diene, durch die Ziele und Absichten derjenigen definiert, die meine Fähigkeiten nutzen." Eine solche Antwort war allerdings in jedem Fall zu erwarten.

DAS CHINESISCHE ZIMMER

Stell dir vor, du befindest dich in einem Zimmer in China. Einheimische schieben dir Zettel mit auf Chinesisch geschriebenen Fragen unter der Tür hindurch. Du sprichst kein Wort chinesisch, aber du hast eine Datenbank mit allen Schriftsymbolen sowie detaillierte Anweisungen, um daraus passende Antworten zusammenzufügen. Diese schiebst du dann zu den Einheimischen zurück. Denen erscheint es, als ob du oder gar das Zimmer selbst ein Bewusstsein hat. John Searle, der US-amerikanische Philosoph, der das chinesische Zimmer erfunden hat, glaubt jedoch, dass zum Bewusstsein mehr gehört. Und was meinst du?

ZUM WEITEREN NACHLESEN

BÜCHER

Carter, Rita. Das Gehirn: Anatomie, Sinneswahnehmungen, Gedächtnis, Bewusstsein, Störungen – München: Dorling Kindersley Verlag, [2019]

Chalmers, David J. The Conscious Mind: In Search of a Fundamental Theory. Oxford University Press, 1997

Eagleman, David. Livewired: The Inside Story of the Ever-Changing Brain. Canongate, 2021

Gregory, Richard L. Auge und Gehirn: Psychologie des Sehens, Reinbek bei Hamburg: Rowohlt-Taschenbuch-Verl., 2001

Seth, Anil. Being You: A New Science of Consciousness. Faber & Faber, 2022

Taylor, Robert L. The Deceptive Brain: Blame, Punishment and the Illusion of Choice. Iff Books, 2021

ONLINE-RESSOURCEN

BioPsychology NewsLink
biopsychology.com/news

Mind Hacks
mindhacks.com

Science Direct Brain Research
sciencedirect.com/journal/brain-research

The Brain from Top to Bottom
thebrain.mcgill.ca/flash/pop/pop_plan/plan_a.html

BLOGS

Brainblog
neuropsychological.blogspot.com

NeuroBollocks!
neurobollocks.wordpress.com

Psyblog
www.spring.org.uk

Sharp Brains
sharpbrains.com

PODCASTS

Brain Stories
ucl.ac.uk/research/domains/neuroscience/brain-stories-podcast

Hidden Brain
hiddenbrain.org

University of Oxford: Brain
podcasts.ox.ac.uk/keywords/brain

AUTOR

Rita Carter
ist als Wissenschafts- und Medizinjournalistin, Dozentin und Moderatorin tätig. Ihr Spezialgebiet ist das menschliche Gehirn – was es tut, wie es funktioniert und warum. Carter wurde zweifach mit dem Preis der Medical Journalists' Association für herausragende Beiträge zum Medizinjournalismus ausgezeichnet und für den Wissenschaftsbuchpreis der Royal Society nominiert. Rita studierte an der Universität von Oxford Psychologie. Für ihre Verdienste um das Verständnis des Gehirns bei einer breiten Öffentlichkeit wurde sie mit dem Ehrendoktortitel der Universität Leuven in Belgien ausgezeichnet.
theritacarter@gmail.com

ILLUSTRATOR

Robert Brandt
lebt in Großbritannien und ist seit über 20 Jahren als visueller Kommunikator tätig. Sein Schwerpunkt liegt auf der Illustration technischer und wissenschaftlicher Themen von Astrophysik bis Biochemie. Brandt arbeitet mit Experten, um dem breiten Publikum des Verlags- und Bildungswesens sowie in der Industrie komplexe Themen zugänglich zu machen.

DANKSAGUNG

UniPress Books bedankt sich bei Robert Brandt für seine aufschlussreichen Illustrationen und bei Luke Herriott für seine elegante Gestaltung.

REGISTER